透风漏月——花窗

苏州园林园境系列　曹林娣 ◎ 主编

曹林娣
张婕
◎ 著

中国电力出版社
CHINA ELECTRIC POWER PRESS

内容提要

《苏州园林园境系列》是多方位地挖掘苏州园林文化内涵，并对园林及具体装饰构件进行文化阐释的专门性著作。苏州园林中的花窗，以多变的造型，精美的纹饰，犹如墙之眉眼，使之顾盼有姿。本书精选了苏州园林花窗 700 多例，以图案形式内容分为自然符号、抽象的吉祥动物纹样、花卉纹、器物图案、文字图案、吉祥组合图案六个部分。

图书在版编目（CIP）数据

苏州园林园境系列. 透风漏月·花窗／曹林娣，张婕著；曹林娣主编. —北京：中国电力出版社，2021.9（2023.5重印）
ISBN 978-7-5198-4992-4

Ⅰ.①苏…　Ⅱ.①曹…　②张…　Ⅲ.①古典园林—园林艺术—苏州　Ⅳ.①TU986.625.33

中国版本图书馆 CIP 数据核字（2020）第 182531 号

出版发行：中国电力出版社
地　　址：北京市东城区北京站西街 19 号（邮政编码 100005）
网　　址：http://www.cepp.sgcc.com.cn
责任编辑：曹　巍　（010-63412609）
责任校对：黄　蓓　王海南
书籍设计：锋尚设计
责任印制：杨晓东

印　　刷：北京瑞禾彩色印刷有限公司
版　　次：2021 年 9 月第一版
印　　次：2023 年 5 月北京第二次印刷
开　　本：787 毫米 ×1092 毫米　16 开本
印　　张：14
字　　数：285 千字
定　　价：68.00 元

透风漏月——花窗

总序

序一

序二

目录

《苏州园林园境》系列，是多方位地挖掘苏州园林文化内涵，并对园林及具体装饰构件进行文化阐释的专业性著作。首先要厘清的基本概念是何谓"园林"。《佛罗伦萨宪章》[①]用词源学的术语来表达"历史园林"的定义是：园林"就是'天堂'，并且也是一种文化、一种风格、一个时代的见证，而且常常还是具有创造力的艺术家独创性的见证"。明确地说：园林是人们心目中的"天堂"；园林也是艺术家创作的艺术作品。

但是，诚如法国史学家兼文艺批评家伊波利特·丹纳（Hippolyte Taine，1828—1893）在《艺术哲学》中所言，文艺作品是"自然界的结构留在民族精神上的印记"。世界各民族心中构想的"天堂"各不相同，相比构成世界造园史中三大动力的古希腊、西亚和中国[②]来说：古希腊和西亚属于游牧和商业文化，是西方文明之源，实际上都溯源于古埃及。位于"热带大陆"的古埃及，国土面积的 96% 是沙漠，唯有尼罗河像一条细细的绿色缎带，所以，古埃及人有与生俱来的"绿洲情结"。尼罗河泛滥水退之后丈量耕地、兴修水利以及计算仓廪容积等的需要，促进

① 国际古迹遗址理事会与国际历史园林委员会于 1981 年 5 月 21 日在佛罗伦萨召开会议，决定起草一份将以该城市命名的历史园林保护宪章即《佛罗伦萨宪章》，并由国际古迹遗址理事会于 1982 年 12 月 15 日登记作为涉及有关具体领域的《威尼斯宪章》的附件。

② 1954 年在维也纳召开世界造园联合会（IFLA）会议，英国造园学家杰利科（G. A. Jellicoe）致辞说：世界造园史中三大动力是古希腊、西亚和中国。

了几何学的发展。古希腊继承了古埃及的几何学。哲学家柏拉图曾悬书门外："不通几何学者勿入。"因此，"几何美"成为西亚和西方园林的基本美学特色；基于植物资源的"内不足"，胡夫金字塔和雅典卫城的石构建筑，成为石质文明的最高代表；"政教合一"的西亚和欧洲，神权高于或制约着皇权，教堂成为最美丽的建筑，而"神体美"成为建筑柱式美的标准……

中国文化主要属于农耕文化，中国陆地面积位居世界第三：黄河流域的粟作农业成为春秋战国时期齐鲁文化即儒家文化的物质基础，质朴、现实；长江流域的稻作农业成为楚文化即道家文化的物质基础，飘逸、浪漫。[①]

我国的"园林"，不同于当今宽泛的"园林"概念，当然也不同于英、美各国的园林观念（Garden、Park、Landscape Garden）。

科学家钱学森先生说："园林毕竟首先是一门艺术……园林是中国的传统，一种独有的艺术。园林不是建筑的附属物……国外没有中国的园林艺术，仅仅是建筑物上附加一些花、草、喷泉就称为'园林'了。外国的 Landscape（景观）、Gardening（园技）、Horticulture（园艺）三个词，都不是'园林'的相对字眼，我们不能把外国的东西与中国的'园林'混在一起……中国的'园林'是他们这三个方面的综合，而且是经过扬弃，达到更高一级的艺术产物。"[②]

中国艺术史专家高居翰（James Cahill）等在《不朽的林泉·中国古代园林绘画》（*Garden Paintings in Old China*）一书中也说："一座园林就像一方壶中天地，园中的一切似乎都可以与外界无关，园林内外仿佛使用着两套时间，园中一日，世上千年。就此意义而言，园林便是建造在人间的仙境。"[③]

孟兆祯院士称园林是中国文化"四绝"之一，是特殊的文化载体，它们既具有形的物质构筑要素，诸如山、水、建筑、植物等，作为艺术，又是传统文化的历史结晶，其核心是社会意识形态，是民族的"精神产品"。

苏州园林是在咫尺之内再造乾坤设计思想的典范，"其艺术、自然与哲理的完美结合，创造出了惊人的美和宁静的和谐"，九座园林相继被列入了世界文化遗产名录。

苏州园林创造的生活境域，具有诗的精神涵养、画的美境陶冶，同时渗透着生态意识，组成中国人的诗意人生，构成高雅浪漫的东方情调，体现了罗素称美的"东方智慧"，无疑是世界艺术瑰宝、中华高雅文化的经典。经典，积淀着中华民族最深沉的精神追求，包含着中华民族最根本的精神基因，代表着中华民族独特的精神标识，正是中华文化独特魅力之所在！也正是民族得以延续的精神血脉。

但是，就如陈从周先生所说："苏州园林艺术，能看懂就不容易，是经过几代人的琢磨，又有很深厚的文化，我们现代的建筑师们是学不会，也造不出了。"阮仪三认为，不经过时间的洗磨、文化的熏陶，单凭急功近利、附庸风雅的心态，"造园子想一气呵成是出不了精品的"。①

基于此，为了深度阐扬苏州园林的文化美，几年来，我们沉潜其中，试图将其如实地和深入地印入自己的心里，来"移己之情"，再将这些"流过心灵的诗情"放射出去，希望以"移人之情"。

我们竭力以中国传统文化的宏通视野，对苏州园林中的每一个细小的艺术构件进行精细的文化艺术解读，同时揭示含蕴其中的美学精髓。诚如宗白华先生在《美学散步》中所说的：

> 美对于你的心，你的"美感"是客观的对象和存在。你如果要进一步认识她，你可以分析她的结构、形象、组成的各部分，得出"谐和"的规律、"节奏"的规律、表现的内容、丰富的启示，而不必顾到你自己的心的活动，你越能忘掉自我，忘掉你自己的情绪波动、思维起伏，你就越能够"漱涤万物，牢笼百态"（柳宗元语），你就会像一面镜子，像托尔斯泰那样，照见了一个世界，丰富了自己，也丰富了文化。②

本系列名《苏州园林园境》，这个"境"指的是境界，是园景之"形"与园景之"意"相交融的一种艺术境界，呈现出来的是情景交融、虚实相生、活跃着生命律动的韵味无穷的诗意空间，人们能于有形之景兴无限之情，反过来又生不尽之景，迷离难分。"景境"有别于渊源于西方的"景观"，"景观"一词最早出现在希伯来文的《圣经》旧约全书中，含义等同于汉语的"风景""景致""景色"，等同于英语的"scenery"，是指一定区域呈现的景象，即视觉效果。

苏州园林是典型的文人园，诗文兴情以构园，是清代张潮《幽梦影·论山水》中所说的"地上之文章"，是为情而构的文人主题园。情能生文，亦能生景，园林中沉淀着深刻的思想，不是用山水、建筑、植物拼凑起来的形式美构图！

《苏州园林园境》系列由七本书组成：

《听香深处——魅力》一书，犹系列开篇，全书八章，首先从滋育苏州园林的大吴胜壤、风华千年的历史，全面展示苏州园林这一文化经典锻铸的历程，犹如打开一幅中华文明的历史画卷；接着从园林反映的人格理想、摄生智慧、心灵滋养、艺术品格诸方面着笔，多方面揭示了苏州园林作为中华文化经典、世界艺术瑰宝的价值；又从苏州园林到今天的园林苏州，说明苏州园林文化艺术在当今建设美丽中华中的勃勃生命力；最后一章的余韵流芳，写苏州园

① 阮仪三：《江南古典私家园林》，南京：译林出版社，2012年，第267页。

② 宗白华：《美学散步（彩图本）》，上海：上海人民出版社，2015年，第17页。

林已经走出国门，成为中华文化使者，惊艳欧洲、植根日本，并落户北美，成为异国他乡的永恒贵宾，从而展示了苏州园林的文化魅力所在。

《景境构成——品题》一书，诠释园林显性的文学体裁——匾额、摩崖和楹联，并一一展示实景照，介绍书家书法特点，使人们在诗境的涵养中，感受到"诗意栖居"的魅力！品题内容涉及社会历史、人文及形、色、情、感、时、节、味、声、影等，品题词句大多是从古代诗文名句中撷来的精英，或从风景美中提炼出来的神韵，典雅、含蓄、立意深邃、情调高雅。它们是园林景境的说明书，也是园主心灵的独白；透露了造园设景的文学渊源，将园景作了美的升华，是园林风景的一种诗化，也是中华文化的缩影。徜徉园中，识者能从园里的境界中揣摩玩味，从中获得中国古典诗文的醇香厚味。

《含情多致——门窗》《透风漏月——花窗》[①]《吟花席地——铺地》《木上风华——木雕》《凝固诗画——塑雕》五书，收集了苏州园林门窗（包括花窗）、铺地、脊塑墙饰、石雕、裙板雕梁等艺术构建上美轮美奂的装饰图案，进行文化解读。这些图案，一一附丽于建筑物上，有的原为建筑物件，随着结构功能的退化，逐渐演化为纯装饰性构件，建筑装饰不仅赋予建筑以美的外表，更赋予建筑以美的灵魂。康德在《判断力批判》"第一四节"中说：

在绘画、雕刻和一切造型艺术里，在建筑和庭园艺术里，就它们是美的艺术来说，本质的东西是图案设计，只有它才不是单纯地满足感官，而是通过它的形式来使人愉快，所以只有它才是审美趣味的最基本的根源。[②]

古人云：言不尽意，立象以尽意。符号使用有时要比语言思维更重要。这些图案无一不是中华文化符码，因此，不仅将精美的图案展示给读者，而且对这些文化符码一一进行"解码"，即挖掘隐含其中的文化意义和形成这些文化意义的缘由。这些文化符号，是中华民族古老的记忆符号和特殊的民族语言，具有丰富的内涵和外延，在一定意义上可以说是中华民族的心态化石。书中图案来自苏州最经典园林的精华，我们对苏州经典园林都进行了地毯式的收集并筛选，适当增加苏州小园林中比较有特色的图案，可以代表中国文人园装饰图案的精华。

由以上文化符号，组成人化、情境化了的"物境"，生动直观，且与人们朝夕相伴，不仅"养目"，而且通过文化的"视觉传承"以"养心"，使人在赏心悦目的艺境陶冶中，培养情操，涤胸洗襟，精神境界得以升华。

[①] "花窗"应该是"门窗"的一个类型，但因为苏州园林"花窗"众多，仅仅沧浪亭一园就有108式，为了方便在实际应用中参考，故将"花窗"从"门窗"中分出，另为一书。

[②] 转引自朱光潜：《西方美学史》下卷，北京：人民文学出版社，1964年版，第18页。

意境隽永的苏州园林展现了中华风雅的生活境域和生存智慧，也彰显了中华文化对尊礼崇德、修身养性的不懈追求。

苏州园林一园之内，楼无同式，山不同构、池不重样，布局旷如、奥如，柳暗花明，处处给人以审美惊奇，加上举目所见的美的画面和异彩纷呈的建筑小品和装饰图案，有效地避免了审美疲劳。

朱光潜先生说过："心理印着美的意象，常受美的意象浸润，自然也可以少存些浊念……一切美的事物都有不令人俗的功效。"①

诚如台湾学者贺陈词在黄长美《中国庭院与文人思想》的序中指出的，"中国文化是唯一把庭园作为生活的一部分的文化，唯一把庭园作为培育人文情操、表现美学价值、含蕴宇宙观人生观的文化，也就是中国文化延续四千多年于不坠的基本精神，完全在庭园上表露无遗。"②

苏州园林是熔文学、戏剧、哲学、绘画、书法、雕刻、建筑、山水、植物配植等艺术于一炉的艺术宫殿，作为中华文化的综合艺术载体，可以挖掘和解读的东西很多，本书难免挂一漏万，错误和不当之处，还望识者予以指正。

曹林娣

辛丑桐月于苏州南林苑寓所

① 朱光潜：《把心磨成一面镜：朱光潜谈美与不完美》，北京：中国轻工业出版社，2017年版，第 185 页。

② 黄长美：《中国庭院与文人思想》序，台北：明文书局，1985 年版，第 3 页。

　　世界遗产委员会评价苏州园林是在咫尺之内再造乾坤设计思想的典范，"其艺术、自然与哲理的完美结合，创造出了惊人的美和宁静的和谐"，而精雕细琢的建筑装饰图案正是创造"惊人的美"的重要组成部分。

　　中国建筑装饰复杂而精微，在世界上是无与伦比的。早在商周时期我国就有了砖瓦的烧制；春秋时建筑就有"山节藻棁"；秦有花砖和四象瓦当；汉画像砖石、瓦当图文并茂，还出现带龙首兽头的栏杆；魏晋建筑装饰兼容了佛教艺术内容；刚劲富丽的隋唐装饰更具夺人风采；宋代装饰与建筑有机结合；明清建筑装饰风格沉雄深远；清代中叶以后西洋建材应用日多，但装饰思想大多向传统皈依，纹饰趋向繁缛琐碎，但更细腻。

　　本系列涉及的苏州园林建筑装饰，既包括木装修的内外檐装饰，也包括从属于建筑的带有装饰性的园林细部处理及小型的点缀物等建筑小品，主要包括：精细雅丽的苏式木雕，有浮雕、镂空雕、立体圆雕、镂空雕刻、镂空贴花、浅雕等各种表现形式，饰以古拙、幽雅的山水、花卉、人物、书法等雕刻图案；以绮、妍、精、绝称誉于世的砖雕，有平面雕、浮雕、透空雕和立体形多层次雕等；石雕，分直线凿雕、花式平面线雕、阳雕、阴雕、浮雕、深雕、透雕等类；脊饰，诸如龙吻脊、鱼龙脊、哺龙脊、哺鸡脊、纹头脊、甘蔗脊等，以及垂脊上的祥禽、瑞兽、仙卉，绚丽多姿；被称为"凝固的舞蹈""凝固的诗句"的堆塑、雕塑等，展现三维空间形象艺术；变化多端、异彩纷呈的漏窗；"吟花席地，醉月铺毡"的铺地；各式洞门、景窗，可以产生"触景生奇，含情多致，轻纱环碧，弱柳窥青"艺术效果的门扇窗棂等。这些凝固在建筑上的辉煌，足可使苏州香山帮的智慧结晶彪炳史册。

园林的建筑装饰主要呈现出的是一种图案美，这种图案美是一种工艺美，是科技美的对象化。它首先对欣赏者产生视觉冲击力。梁思成先生说：

> 然而艺术之始，雕塑为先。盖在先民穴居野处之时，
> 必先凿石为器，以谋生存；其后既有居室，乃作绘事，
> 故雕塑之术，实始于石器时代，艺术之最古者也。①

1930 年，他在东北大学演讲时曾不无遗憾地说，我国的雕塑艺术，"著名学者如日本之大村西崖、常盘大定、关野贞，法国之伯希和（Paul Pelliot）、沙畹（Édouard Émmdnnuel Chavannes），瑞典之喜龙仁（Prof Osrald Sirén），俱有著述，供我南车。而国人之著述反无一足道者，能无有愧?"②

叶圣陶先生在《苏州园林》一文中也说：

> 苏州园林里的门和窗，图案设计和雕镂琢磨工夫都是工艺美术的上品。大致说来，那些门和窗尽量工细而决不庸俗，即使简朴而别具匠心。四扇，八扇，十二扇，综合起来看，谁都要赞叹这是高度的图案美。

苏州园林装饰图案，更是一种艺术符号，是一种特殊的民族语言，具有丰富的内涵和外延，催人遐思、耐人涵咏，诚如清人所言，一幅画，"与其令人爱，不如使人思"。苏州园林的建筑装饰图案题材涉及天地自然、祥禽瑞兽、花卉果木、人物、文字、古器物，以及大量的吉祥组合图案，既反映了民俗精华，又映射出士大夫文化的儒雅之气。"建筑装饰图案是自然崇拜、图腾崇拜、祖先崇拜、神话意识等和社会意识的混合物。建筑装饰的品类、图案、色彩等反映了大众心态和法权观念，也反映了民族的哲学、文学、宗教信仰、艺术审美观念、风土人情等，它既是我们可以感知的物化的知识力量构成的物态文化层，又属于精神创造领域的文化现象。中国古典园林建筑上的装饰图案，密度最高，文化容量最大，因此，园林建筑成为中华民族古老的记忆符号最集中的信息载体，在一定意义上可以说是中华民族的'心态化石'。"③苏州园林的建筑装饰图案不啻一部中华文化"博物志"。

① 梁思成：《中国雕塑史》，天津：百花文艺出版社，1998 年，第 1 页。

② 同上，第 1-2 页。

③ 曹林娣：《中国园林文化》，北京：中国建筑工业出版社，2005 年，第 203 页。

美国著名人类学家 L. A. 怀德说"全部人类行为由符号的使用所组成，或依赖于符号的使用"①，才使得文化（文明）有可能永存不朽。符号表现活动是人类智力活动的开端。从人类学、考古学的观点来看，象征思维是现代心灵的最大特征，而现代心灵是在距今五万年到四十万年之间的漫长过程中形成的。象征思维能力是比喻和模拟思考的基础，也是懂得运用符号，进而发展成语言的条件。"一个符号，可以是任意一种偶然生成的事物（一般都是以语言形态出现的事物），即一种可以通过某种不言而喻的或约定俗成的传统或通过某种语言的法则去标示某种与它不同的另外的事物。"②也就是雅各布森所说的通过可以直接感受到的"指符"（能指），可以推知和理解"被指"（所指）。苏州园林装饰图案的"指符"是容易被感知的，但博大精深的"被指"，却留在了古人的内心，需要我们去解读，去揭示。

一

苏州园林建筑的装饰符号，保留着人类最古老的文化记忆。原始人类"把它周围的实在感觉成神秘的实在：在这种实在中的一切不是受规律的支配，而是受神秘的联系和互渗律的支配"。③

早期的原始宗教文化符号，如出现在岩画、陶纹上的象征性符号，往往可以溯源于巫术礼仪，中国本信巫，巫术活动是远古时代重要的文化活动。动物的装饰雕刻，源于狩猎巫术的特殊实践。旧石器时代的雕刻美术中，表现动物的占到全部雕刻的五分之四。发现于内蒙古乌拉特中旗的"猎鹿"岩画，"是人类历史上最早的巫术与美术的联袂演出"④。世界上最古老的岩画是连云港星图岩画，画中有天圆地方观念的形象表示；"蟾蜍驮鬼"星象岩画是我国最早的道教"阴阳鱼"的原型和阴阳学在古代地域规划上的运用。

甘肃成县天井山麓鱼窍峡摩崖上刻有汉灵帝建宁四年（171年）的《五瑞图》，是我国现存最早的石刻吉祥图。

吴越地区陶塑纹饰多为方格宽带纹、弧线纹、绳纹和篮纹、波浪纹等，尤其是弧线纹和波浪纹，更可看出是对天（云）和地（水）崇拜的结果。而良渚文化中的双目锥形足和鱼鳍形足的陶鼎，不但是夹砂陶中的代表性器具，也是吴越地区渔猎习俗带来的对动物（鱼）崇拜的美术表现。⑤

海岱地区的大汶口—山东龙山文化，虽也有自己的彩绘风格和彩陶器，但这一带史前先民似乎更喜欢用陶器的造型来表达自己的审美情趣和崇拜习俗。呈现鸟羽尾状的带把器、罐、瓶、壶、

① [美] L. A. 怀德：《文化科学》，曹锦清，等译，杭州：浙江人民出版社，1988年，第21页。

② [美] 艾恩斯特·纳盖尔：《符号学和科学》，选自蒋孔阳主编《二十世纪西方美学名著选》（下），上海：复旦大学出版社，1988年，第52页。

③ [法] 列维·布留尔：《原始思维》，丁译，北京：商务印书馆1981年，第238页。

④ 左汉中：《中国民间美术造型》，长沙：湖南美术出版社，1992年，第70页。

⑤ 姜彬：《吴越民间信仰民俗》，上海：上海文艺出版社，1992年，第472-473页。

盖之上鸟喙状的附纽或把手，栩栩如生的鸟形鬶和风靡一个时代的鹰头鼎足，都有助于说明史前海岱之民对鸟的崇拜。[1]

鸟纹经过一段时期的发展，变成大圆圈纹，形象模拟太阳，可称之为拟日纹。象征中国文化的太极阴阳图案，根据考古发现，它的原形并非鱼形，而是"太阳鸟"鸟纹的大圆圈纹演变而来的符号。

彩陶中的几何纹诸如各种曲线、直线、水纹、漩涡纹、锯齿纹等，都可看作是从动物、植物、自然物以及编织物中异化出来的纹样。如菱形对角斜形图案是鱼头的变化，黑白相间菱形十字纹、对向三角燕尾纹是鱼身的变化（序一图1）等。几何形纹还有颠倒的三角形组合、曲折纹、"个"字形纹、梯形锯齿形纹、圆点纹或点、线等极为单纯的几何形象。

"中国彩陶纹样是从写实动物形象逐渐演变为抽象符号的，是由再现（模拟）到表现（抽象化），由写实到符号，由内容到形式的积淀过程。"[2]

序一图1　双鱼形（仰韶文化）

符号最初的灵感来源于生活的启示，求生和繁衍是原始人类最基本的生活要求，于是，基于这类功利目的的自然崇拜的原始符号，诸如天地日月星辰、动物植物、生殖崇拜、语音崇拜等，虽然原始宗教观念早已淡漠，但依然栩栩如生地存在于园林装饰符号之中，就成为符号"所指"的内容范畴。

"这种崇拜的对象常系琐屑的无生物，信者以为其物有不可思议的灵力，可由以获得吉利或避去灾祸，因而加以虔敬。"[3]

《礼记·明堂位》称，山罍为夏后氏之尊，《礼记·正义》谓罍为云雷，画山云之形以为之。三代铜器最多见之"雷纹"始于此。[4] 如卍字纹、祥云纹、冰雪纹、拟日纹，乃至压火的鸱吻、厌胜钱、方胜等，在苏州园林中触目皆是，都反映了人们安居保平安的心理。

古人创造某种符号，往往立足于"自我"来观照万物，用内心的理想视象审美观进行创造，它们只是一种审美的心象造型，并不在乎某种造型是否合乎逻辑或真实与准确，只要能反映出人们的理解和人们的希望即可。如四灵中的龙、凤、麟等。

龟鹤崇拜，就是万物有灵的原始宗教和神话意识、灵物崇拜

① 王震中：《应该怎样研究上古的神话与历史——评〈诸神的起源〉》，《历史研究》，1988年，第2期。

② 陈兆复、邢琏：《原始艺术史》，上海：上海人民出版社，1998年版，第191页。

③ 林惠祥：《文化人类学》，北京：商务印书馆，1991年版，第236页。

④ 梁思成：《中国雕塑史》，天津：百花文艺出版社，1998年版，第1页。

和社会意识的混合物。龟，古代为"四灵"之一，相传龟者，上隆象天，下平象地，它左睛象日，右睛象月，知存亡吉凶之忧。龟的神圣性由于在宋后遭异化，在苏州园林中出现不多，但龟的灵异、长寿等吉祥含义依然有着强烈的诱惑力，园林中还是有大量的等六边形组成的龟背纹铺地、龟锦纹花窗（序一图2）等建筑小品。鹤在中华文化意识领域中，有神话传说之美、吉利象征之美。它形迹不凡，"朝戏于芝田，夕饮乎瑶池"，常与神仙为俦，王子乔曾乘白鹤驻缑氏山头（道家）。丁令威化鹤归来。鹤标格奇俊，唳声清亮，有"鹤千年，龟万年"之说。松鹤长寿图案成为园林建筑装饰的永恒主题之一。

序一图2　龟锦纹窗饰（留园）

　　人类对自身的崇拜比较晚，最突出的是对人类的生殖崇拜和语音崇拜。生殖崇拜是园林装饰图案的永恒母题。恩格斯说过："根据唯物主义的观点，历史中的决定因素，归根结底是直接生活的生产和再生产。但是，生产本身又有两种。一方面是生产资料即食物、衣服、住房以及为此所必需的工具的生产；另一方面是人类自身的生产，即种的繁衍。"①

　　普列哈诺夫也说过，"氏族的全部力量，全部生活能力，决定于它的成员的数目"，闻一多也说："在原始人类的观念里，结婚是人生第一大事，而传种是结婚的唯一目的。"②

　　生殖崇拜最初表现为崇拜妇女，古史传说中女娲最初并非抟土造人，而是用自己的身躯"化生万物"，仰韶文化后期，男性生殖崇拜渐趋占据主导地位。苏州园林装饰图案中，源于爱情与生命繁衍主题的艺术符号丰富绚丽，象征生命礼赞的阴阳组合图案随处可见：象征阳性的图案有穿莲之鱼、采蜜之蜂、鸟、蝴蝶、狮子、猴子等，象征阴性的有蛙、兔子、荷莲（花）、梅花、牡丹、石榴、葫芦、瓜、绣球等，阴阳组合成的鱼穿莲、鸟站莲、蝶恋花、榴开百子、猴吃桃、松鼠吃葡萄（序一图3）、瓜瓞绵绵、狮子滚绣球、喜鹊登梅、龙凤呈祥、凤穿牡丹、丹凤朝阳等，都有一种创造生命的暗示。

　　语音本是人类与生俱来的本能，但原始先民却将语音神圣化，看成天赐之物，是神造之物，产生了语音拜物教。③于是，被视为上帝对人类训词的"九畴"和"五福"等都被看作是神圣的、万能的，可以赐福降魔。早在上古时代，就产生了属于咒语性质的歌谣，园林装饰图案大量运用谐音祈福的符号都烙有原始人类语音崇拜的胎记，寄寓的是人们对福（蝙蝠、佛手）、禄（鹿、鱼）

①［德］恩格斯《家庭、私有制和国家的起源》第一版序言，见《马克思恩格斯选集》第4卷第2页。

②《闻一多全集》第1卷《说鱼》。

③曹林娣：《静读园林·第四编·谐音祈福吉祥画》，北京：北京大学出版社，2006年，第255-260页。

序一图3 松鼠吃葡萄（耦园）

寿（兽）、金玉满堂（金桂、玉兰）、善（扇）及连（莲）生贵子等愿望。

虽然植物的灵性不像动物那样显著，因此，植物神灵崇拜远不如动物神灵崇拜那样丰富而深入人心。但是，植物也是原始人类观察采集的主要对象及赖以生存的食物来源。植物也被万物有灵的光环笼罩着，仅《山海经》中就有圣木、建木、扶木、若木、朱木、白木、服常木、灵寿木、甘华树、珠树、文玉树、不死树等二十余种，这些灵木仙卉，"珠玕之树皆丛生，华实皆有滋味，食之皆不老不死"。[①]灵芝又名三秀，清陈淏子《花镜·灵芝》还认为，灵芝是"禀山川灵异而生"，"一年三花，食之令人长生"。松柏、万年青之类四季常青、寿命极长的树木也被称为"神木"。这类灵木仙卉就成为后世园林装饰植物类图案的主要题材。东山春在楼门楼平地浮雕的吉祥图案是灵芝（仙品，古传说食之可保长生不老，甚至入仙）、牡丹（富贵花，为繁荣昌盛、幸福和平的象征）、石榴（多子，古人以多子为多福）、蝙蝠（福气）、佛手（福气）、菊花（吉祥与长寿）等。

神话也是园林图案发生源之一，神话是文化的镜子，是发现人类深层意识活动的媒介，某一时代的新思潮，常常会给神话加上一件新外套。"经过神话，人类逐步迈向了人写的历史之中，神话是民族远古的梦和文化的根；而这个梦是在古代的现实环境中的真实上建立起来的，并不是那种'懒洋洋地睡在棕榈树下白日见鬼、白昼做梦'（胡适语）的虚幻和飘缈。"[②]神话作为一种原始意象，"是同一类型的无数经验的心理残迹""每一个原始意象中都有着人类精神和人类命运的一块碎片，都有着在我们祖先的历史中重复了无数次的欢乐和悲哀的残余，并且总的来说，始终遵循着同样的路线。它就像心理中的一道深深开凿过的河床，生命之流（可以）在这条河床中突然涌成一条大江，而不是像先前那样在宽阔而清浅的溪流中向前漫淌"。[③]作为一种民族集体无意识的产物，它通过文化积淀的形式传承下去，传承的过程中，有些神话被仙化或被互相嫁接，这是一种集体改编甚至再创造。今天我们在园林装饰图案中见到的大众喜闻乐见的故事，有不少属于此类。如麻姑献寿、八仙过海、八仙庆寿、天官赐福、三星高照、牛郎织女、天女散花、和合二仙（序一图4）、嫦娥奔月、刘海戏金蟾等，这些神话依然跃动着原初的魅力。所以，列维·斯特劳斯说："艺

① 《列子》第5《汤问》。

② 王孝廉：《中国的神话世界》，北京：作家出版社，1991年版，第6页。

③ ［瑞典］荣格：《心理学与文学》，冯川，苏克译. 生活·读书·新知三联书店，1987年版。

序一图 4　和合二仙（忠王府）

术存在于科学知识和神话思想或巫术思想的半途之中。"①

　　史前艺术既是艺术，又是宗教或巫术，同时又有一定的科学成分。春在楼门楼文字额下平台望柱上圆雕着"福、禄、寿"三吉星图像。项脊上塑有"独占鳌头""招财利市"的立体雕塑。上枋横幅圆雕为"八仙庆寿"。两条垂脊塑"天官赐福"一对，道教以"天、地、水"为"三官"，即世人崇奉的"三官大帝"，而上元天官大帝主赐福。两旁莲花垂柱上端刻有"和合二仙"，一人持荷花，一人捧圆盒，为和好谐美的象征。门楼两侧厢楼山墙上端左右两八角窗上方，分别塑圆形的"和合二仙"和"牛郎织女"，寓意夫妻百年好合，终年相望。神话故事中有不少是从日月星辰崇拜衍化而来，如三星、牛郎织女是星辰的人化，嫦娥是月的人化。

　　可以推论，自然崇拜和人们各种心理诉求诸如强烈的生命意识、延寿纳福意愿、镇妖避邪观念和伦理道德信仰等符号经纬线，编织起丰富绚丽的艺术符号网络——一个知觉的、寓意象征的和心象审美的造型系列。某种具有象征意义的符号一旦被公认，便成为民族的集体契约，"它便像遗传基因一样，一代一代传播下去。尽管后代人并不完全理解其中的意义，但人们只需要接受就可以了。这种传承可以说是无意识的无形传承，由此一点一滴就汇成了文化的长河。"②

① ［法］列维·斯特劳斯：《野蛮人的思想》，伦敦 1976 年，第 22 页。

② 王娟：《民俗学概论》，北京：北京大学出版社，2002 年版，第 214–215 页。

③ （唐）姚思廉：《陈书》卷 25《裴忌传》引高祖语。

一

　　春秋吴王就凿池为苑，开舟游式苑囿之渐，但越王勾践一把火烧掉了姑苏台，只剩下旧苑荒台供后人凭吊，苏州的皇家园林随着姑苏台一起化为了历史，苏州渐渐远离了政治中心。然"三吴奥壤，旧称饶沃，虽凶荒之余，犹为殷盛"，③随着汉末自给

序一图 5 敬字亭（台湾林本源园林）

自足的庄园经济的发展，既有文化又有经济地位的士族崛起，晋代永嘉以后，衣冠避难，多萃江左，文艺儒术，彬彬为盛。吴地人民完成了从尚武到尚文的转型，崇文重教成为吴地的普遍风尚，"家家礼乐，人人诗书"，"垂髫之儿皆知翰墨"，[①]苏州取得了江南文化中心的地位。充溢着氤氲书卷气的私家园林，一枝独秀，绽放在吴门烟水间。

中国自古有崇文心理，有意模仿苏州留园而筑的台湾林本源园林，榕荫大池边至今依然屹立着引人注目的"敬字亭"（序一图 5）。

形、声、义三美兼具的汉字，本是由图像衍化而来的表意符号，具有很强的绘画装饰性。东汉大书法家蔡邕说："凡欲结构字体，皆须像其一物，若鸟之形，若虫食禾，若山若树，纵横有托，运用合度，方可谓书。"在原始人心目中，甲骨上的象形文字有着神秘的力量。后来《河图》《洛书》《易经》八卦和《洪范》九畴等出现，对文字的崇拜起了推波助澜的作用。所以古人也极其重视文字的神圣性和装饰性。甲骨文、商周鼎彝款识，"布白巧妙奇绝，令人玩味不尽，愈深入地去领略，愈觉幽深无际，把握不住，绝不是几何学、数学的理智所能规划出来的"[②]。早在东周以后就养成了以文字为艺术品之习尚。战国出现了文字瓦当，秦汉更为突出，秦飞鸿延年瓦当就是长乐宫鸿台瓦当（序一图 6）。西汉文字纹瓦当渐增，目前所见最多，文字以小篆为主，兼及隶书，有少数鸟虫书体。小篆中还包括屈曲多姿的缪篆。有吉祥语，如"千秋万岁""与天无极""延年"；有纪念性的，如"汉并天下"；有专用性的，如"鼎胡延寿宫""都司空瓦"。瓦当文字除表意外，又构成东方独具的汉字装饰美，可与书法、金石、碑拓相比肩。尤其是

序一图 6 秦飞鸿延年瓦当

① （宋）朱长文：《吴郡图经续记·风俗》，南京：江苏古籍出版社，1986年版，第 11 页。

② 宗白华：《中国书法里的美学思想》，见《天光云影》，北京：北京大学出版社，2006年版，第 241—242 页。

线条的刚柔、方圆、曲直和疏密、倚正的组合，以及留白的变化等，都体现出一种古朴的艺术美。^①

园林建筑的瓦当、门楼雕刻、铺地上都离不开汉字装饰。如大量的"寿"字瓦当、滴水、铺地、花窗，还有囍字纹花窗、各体书条石、摩崖、砖额等。

中国是诗的国家，诗文、小说、戏剧灿烂辉煌，苏州园林中的雕刻往往与文学直接融为一体，园林梁柱、门窗裙板上大量雕刻着山水诗、山水图，以及小说戏文故事。

诗句往往是整幅雕刻画面思想的精警之笔，画龙点睛，犹如"诗眼"。苏州网师园大厅前有乾隆时期的砖刻门楼，号"江南第一门楼"，中间刻有"藻耀高翔"四字。出自《文心雕龙》，藻，水草之总称，象征美丽的文采，文采飞扬，标志着国家的祥瑞。东山"春在楼"是"香山帮"建筑雕刻的代表作，门楼前曲尺形照墙上嵌有"鸿禧"砖刻，"鸿"通"洪"，即大，"鸿禧"犹言洪福，出自《宋史·乐志十四》卷一三九："鸿禧累福，骈贲翕臻。"诸事如愿完美，好事接踵而至，福气多多。门楼朝外一面砖雕"天锡纯嘏"，取《诗经·鲁颂·閟宫》："天锡公纯嘏，眉寿保鲁"，为颂祷鲁僖公之词，意谓天赐僖公大福，"纯嘏"犹大福。《诗经·小雅·宾之初筵》有"锡尔纯嘏，子孙其湛"之句，意即天赐你大福，延及子孙。门楼朝外的一面砖额为"聿修厥德"，取《诗经·大雅·文王》："无念尔祖，聿修厥德。永言配命，自求多福。"言不可不修德以永配天命，自求多福。退思园九曲回廊上的"清风明月不须一钱买"的九孔花窗组合成的诗窗，直接将景物诗化，更是脍炙人口。

苏州园林雕饰所用的戏文人物，常常以传统的著名剧本为蓝本，经匠师们的提炼、加工刻画而成。取材于《三国演义》《西游记》《红楼梦》《西厢记》《说岳全传》等最常见。如春在楼前楼包头梁三个平面的黄杨木雕，刻有"桃园结义""三顾茅庐""赤壁之战""定军山""走麦城""三国归晋"等三十四出《三国演义》戏文（序一图7），恰似连环图书。同里耕乐堂裙板上刻有《红楼梦》金陵十二钗等，拙政园秫香馆裙板上刻有《西厢记》戏文等。这些传统戏文雕刻图案，补充或扩充了建筑物的艺术意境，渲染了一种文学艺术氛围，雕饰的戏文人物故事会使人产生戏曲艺术的联想，使园林建筑陶融在文学中。

雕刻装饰图案，不仅能够营造浓厚的文学氛围，加强景境主题，并且能激发游人的想象力，获得景外之景、象外之象。如耦园"山水间"落地罩为大型雕刻，刻有"岁寒三友"图案，松、竹、梅交错成文，寓意坚贞的友谊，在此与高山流水知音的主题意境相融合，分外谐美。

铺地使阶庭脱尘俗之气，拙政园"玉壶冰"前庭院铺地用的是冰雪纹，给人以晶莹高洁之感，打造冷艳幽香的境界，并与馆内冰裂格扇花纹以及题额丝丝入扣；网师园"潭西渔隐"庭院铺

① 郭谦夫，丁涛，诸葛铠：《中国纹样辞典》，天津：天津教育出版社，1998年，第293、294页。

序一图 7　赵子龙单骑救主（春在楼）

序一图 8　海棠铺地（拙政园）

地为渔网纹，与"网师"相恰。海棠春坞的满庭海棠花纹铺地（序一图 8），令人如处海棠花丛之中，即使在凛冽的寒冬，也会唤起海棠花开烂漫的春意。在莲花铺地的庭院中，踩着一朵朵莲花，似乎有步步生莲的圣洁之感；满院的芝花，也足可涤俗洗心。

　　中国是文化大一统之民族，"如言艺术、绘画、音乐，亦莫不有其一共同最高之境界。而此境界，即是一人生境界。艺术人生化，亦即人生艺术化"①。苏州园林集中了士大夫的文化艺术体系，

① 钱穆：《宋代理学三书随劄·附录》，生活·读书·新知三联书店，2002 年版，第 125 页。

文人本着孔子"游于艺"的教诲，由此滥觞，琴、棋、书、画，无不作为一种教育手段而为文人们所必修，在"游于艺"的同时去完成净化心灵的功业，这样，诗、书、画美学精神相融通，非兼能不足以称"文人"，儒、道两家都着力于人的精神提升，一切技艺都可以借以为修习，兼能多艺成为文人传统者在世界上独一无二。"书画琴棋诗酒花"，成为文人园林装饰的风雅题材。如狮子林"四艺"琴棋书画纹花窗（序一图9）及裙板上随处可见的博古清物木雕等。

崇文心理直接导致了对文化名人风雅韵事的追慕，士大夫文人尚人品、尚文品，标榜清雅、清高，于是，张季鹰的"功名未必胜鲈鱼"、谢安的东山丝竹风流、王羲之爱鹅、王子猷爱竹、竹林七贤、陶渊明爱菊、周敦颐爱莲、林和靖梅妻鹤子、苏轼种竹、倪云林好洁洗桐等，自然成为园林装饰图案的重要内容。留园"活泼泼地"的裙板上就有这些内容的木刻图案，十分典雅风流。

中国文化主体儒道禅，儒家以人合天，道家以天合人，禅宗则兼容了儒道。儒家"以人合天"，以"礼"来规范人们回归"天道"，符合天道。儒家文化的三纲六纪，是抽象理想的最高境界，已经成为传统文人的一种心理习惯和思维定势。儒家尚古尊先的社会文化观为士大夫所认同，"景行维贤"，以三纲为宇宙和社会的根本，"三纲五常"、明君贤臣、治国平天下成为士大夫最高的道德理想。于是，尧舜禅让、周文王访贤、姜子牙磻溪垂钓、薛仁贵衣锦回乡，特别是唐代那位"权倾天下而朝不忌，功盖一世而上不疑，侈穷人欲而议者不之贬"①的郭子仪，其拜寿戏文象征着

① （宋）宋祁，欧阳修，范镇，吕夏卿，等：《新唐书》卷150 唐史臣裴垍评语。

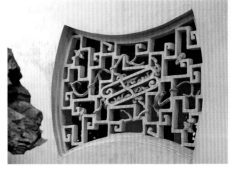

序一图9　琴棋书画（狮子林）

大贤大德、大富贵，亦寿考和后嗣兴旺发达，故成为人臣艳羡不已的对象。清代俞樾在《春在堂随笔》卷七中说："人有喜庆事，以梨园侑觞，往往以'笏圆'终之，盖演郭汾阳生日上寿事也。"

中国古代是以血缘关系为纽带的宗法社会，早在甲骨文中，就有"孝"字，故有人称中国哲学为伦理哲学，中国文化为伦理文化。儒学把某些基本理由、理论建立在日常生活，即与家庭成员的情感心理的根基上，首先强调的是"家庭"中子女对于父母的感情的自觉培育，以此作为"人性"的本根、秩序的来源和社会的基础；把家庭价值置放在人性情感的层次，来作为教育的根本内容。春在楼"凤凰厅"大门檐口六扇长窗的中夹堂板、裙板及十二扇半的裙板上，精心雕刻有"二十四孝"故事（序一图10），表现出浓厚的儒家伦理色彩。

三

符号具有多义性和易变性，任何的装饰符号都在吐故纳新，它犹如一条汩汩流淌着的历史长河，"具有由过去出发，穿过现在并指向未来的变动性，随着社会历史的演变，传统的内涵也在不断地丰富和变化，它的原生文明因素由于吸收

序一图10 二十四孝——负亲逃难（春在楼）

了其他文化的次生文明因素，永无止境地产生着新的组合、渗透和裂变。"①

    诚然，由于时间的磨洗以及其他原因，装饰符号的象征意义、功利目的渐渐淡化。加上传承又多工匠世家的父子、师徒"秘传"，虽有图纸留存，但大多还是停留在知其然而不知其所以然的阶段，致使某些显著的装饰纹样，虽然也为"有意味的形式"，但原始记忆模糊甚至丧失，成为无指称意义的文化符码，一种康德所说的"纯粹美"的装饰性外壳了。

    尽管如此，苏州园林的装饰图案依然具有现实价值：

    没有任何的艺术会含有传达罪恶的意念②，园林装饰图案是历史的物化、物化的历史，是一本生动形象的真善美文化教材。"艺术同哲学、科学、宗教一样，也启示着宇宙人生最深的真实，但却是借助于幻想的象征力以诉之于人类的直观的心灵与情绪意境。而'美'是它的附带的'赠品'。"③装饰图案蕴含着的内美是历史的积淀或历史美感的叠加，具有永恒的魅力，因为这种美，不仅是诉之于人感官的美，更重要的是诉之于人精神的美感，包括历史的、道德的、情感的，这些美的符号又是那么丰富深厚而隽永，细细咀嚼玩味，心灵好似沉浸于美的甘露之中，并获得净化了的美的陶冶。且由于这种美寓于日常的起居歌吟之中，使我们在举目仰首之间、周规折矩之中，都无不受其熏陶。这种潜移默化的感染功能较之带有强制性的教育更有效。

    装饰图案是表象思维的产物，大多可以凭借直觉通过感受接受文化，一般人对形象的感受能力大大超过了抽象思维能力，图案正是对文化的一种"视觉传承"④，图案将中华民族道德信仰等抽象变成可视具象，视觉是感觉加光速的作用，光速是目前最快的速度，所以视觉传承能在最短的时间中，立刻使古老文化的意涵、思维、形象、感知得到和谐的统一，其作用是不容忽视的。

    苏州园林装饰图案是中华民族千年积累的文化宝库，是士大夫文化和民俗文化相互渗化的完美体现，也是创造新文化的源头活水。

    游览苏州园林，请留意一下触目皆是的装饰图案，你可以认识一下吴人是怎样借助谐音和相应的形象，将虚无杳渺的幻想、祝愿、憧憬，化成了具有确切寄寓和名目的图案的，而这些韵致隽永、雅趣天成的饰物，将会给你带来真善美的精神愉悦和无尽诗意。

    本系列所涉图案单一纹样极少，往往为多种纹样交叠，如柿蒂纹中心多海棠花纹，灯笼纹边缘又呈橄榄纹等，如意头纹、如意云纹作为幅面主纹的点缀应用尤广。鉴于此，本系列图片标示一般随标题主纹而定，主纹外的组图纹样则出现在行文解释中。

① 叶朗：《审美文化的当代课题》，《美学》1988年第12期。

② 吴振声：《中国建筑装饰艺术》，台北文史出版社，1980年版，第5页。

③ 宗白华：《略谈艺术的"价值结构"》，见《天光云影》，北京：北京大学出版社，2006年版，第76—77页。

④ 王恬：《中华美术民俗》，北京：中国人民大学出版社，1996年版，第31页。

曹林娣修改于辛丑桐月

序二

辟牖栖清旷——花窗

在白粉墙上开辟窗洞，窗洞内用望砖和屋瓦（蝴蝶瓦）砌成透空图案的窗，是中国园墙上的一种装饰性透空窗，称"漏窗""漏砖墙""漏明墙""花墙洞""透漏窗"等，今统称为花窗。

花窗由排气采光等实用功能的窗棂发展而来，最早有斜网格纹图案的窗棂实物是西安秦始皇兵马俑坑内的铜车马。秦以后，窗棂的图案有菱纹、回纹、锯齿纹等，由简单的实用功能发展到审美追求。从宋代至清代窗棂纹样已达几十种。这些样式或单独或相互交叉组合，组成了无数种图案样式的窗格心棂花。花窗多采用窗棂上的各种图案，意象繁复，构图巧妙，雕工精致，镶嵌在园林墙体上。

花窗首先以美的造型，成为具有独立欣赏价值的艺术品。明代计成《园冶》记载有"瓦砌连钱、叠锭、鱼鳞等类"，计成或嫌其俗，"一概屏之"，另列16式，有菱花漏墙式、绦环式、竹节式、人字式等，其他均无名目，"惟取其坚固"。

苏州园林漏窗图案制式不断翻新，异彩纷呈：窗框有规则匀称的几何造型，如菱形、圆形、折扇形、六角形、矩形、八角形、直定胜倒挂金钟、如意、灯笼、宝瓶形、桃形、石榴、荷花等；窗芯花样更是变化多端，有菱花、书条、绦环、套方、卍字、波纹等；有美好的自然物象，如梅花、海棠、葫芦、秋叶、桃子、

蝙蝠、蝴蝶、双桃、石榴、佛手漏窗（台湾林本源园林）

石榴、鱼鳞、钱纹、球纹、葵花、佛手、如意、波纹、冰裂纹等；灵禽瑞兽，如仙鹤、鹿、喜鹊等；还有代表文人风雅的琴棋书画，甚至诗窗……足有千种以上。

台湾林本源园林有蝙蝠、蝴蝶、双桃、石榴、佛手、南瓜、柚子、宝瓶、双瓶、双钱等多种漏窗造型，形象逼真。

花窗大多为寓意造型，是一种观念和情感符号，熔文学、书画、雕刻、戏曲、民俗等于一炉。

花窗图案吉祥，寄托着人们美好的生活愿望，对健康、平安、幸福生活的渴望，增加了浓浓的世俗生活气息。表现了士大夫文化与民俗文化的掺和渗透。士大夫文人虽然竭力标举高雅脱俗，但他们毕竟生活于人间，有七情六欲，有生活企求和理想。如卍字、定胜、菱花、鱼鳞、钱纹、如意、佛手、桃、牡丹、石榴、云龙、蝙蝠、松鹤、八卦、暗八仙、柏鹿、狮、虎等。

双喜图案、秋叶造型表现了爱情、婚姻、功名等喜庆的不倦主题。连续几只漏窗图案寓意，可以组合成一句吉祥语言，如东山雕花大楼门楼两旁围墙高处的四扇漏窗图案是纤丝、瑞芝、藤景、祥云，以寓"福寿绵长"的愿望。

留园"古木交柯"对面六扇漏窗，从东到西的图案分别为六角形、盘头字、八角套海棠、海棠珠花、葵花、藤景如意等吉祥图案，表示称心如意、富贵满堂、福禄绵长等生活理想。

花窗中还有大量的比德符号，有人比之为文人心之七窍。《论语·子罕》："子曰：岁寒，然后知松柏之后凋也。"凋，凋谢；松柏，喻栋梁之材。朱熹引谢上蔡注曰："士穷见节义，世乱识忠臣。"（《论语集注》）荀子则把松柏喻君子："岁不寒无以知松柏；事不难无以知君子。"（《荀子·大略》）园林中大量的人文植物，正是"比德"符号，如梅兰菊竹四君子、松、荷花、葵花等。自然物象中的冰裂纹、冰梅纹也用以象征君子冰清玉洁的人格。

得中国书画同源之助，苏州窗饰图案中有用文字塑成、连缀成诗句的"诗窗"，来形容园境，独树一帜，这在世界各国也是绝无仅有的。如退思园九曲回廊是山水园动观赏景点，廊壁上开辟了九个图案雅致的漏窗，分别砌上唐代李白《襄阳歌》中的名句"清风明月不须一钱买"九字，诗被物化了，景被诗化了，诗境、园景融于一体。

清物漏窗，营造出古色古香的文化氛围。如以博古器物诸如古瓶、玉器、鼎炉、书画和一些吉祥物配上盆景、花卉等各种优雅高贵的摆件组成的博古窗，琳琅满目，给人以艺术美的享受。

琴、棋、书、画漏窗，正是文人风雅的象征物。狮子林九狮峰背后面南的粉墙上，有风格独具的四幅花窗一字排开，依次塑有古琴、围棋棋盘、函装线书、画卷，设计精美，线条简洁，独树一帜，指的是古代文人所喜爱的琴、棋、书、画四桩雅事。

千姿百态的漏窗将美的对象间隔起来，构成了天然的取景框，诚如贝聿铭所说，"在西方，窗户就是窗户，它放进光线和新鲜的空气；但对中国人来说，它是一个画框，花园永远在它外头"。

钱钟书说，窗子打通了人与自然的隔膜。花窗接纳松竹石韵、吞吐朝晖夕影，"山之光、水之声、月之色、花之香"，真个是"一朵花中窥见天国，一粒沙中表象世界"，它可以组成宗白华先生所说的形、景、情三层艺术结构，从窗眼窥青山一角，造就"幻美的境界"，而这种构图，"使片景孤境自织成一内在自足的境界，无求于外而自成一意义丰满的小宇宙"[①]，天巧与人巧浑融为一。

园林花窗，以多变的造型，精美的纹饰，犹如墙之眉眼，使之顾盼有姿，既可使平直的墙面产生变化，又因不同光影的照射，使花窗的投影犹如在白粉墙上绘就的一幅幅斑驳陆离、变幻不定的水墨画，美不胜收。

苏州园林漏窗，常作连续排列，产生韵律感，大多是外框形状相同，但图案各异，于统一中求变化，如留园中部入口处的六扇漏窗；也有外框形状图案均不同，但等距离布置，在变化中有统一，如环秀山庄假山西侧廊壁上的一排形态各异的漏窗。

---

① 宗白华：《略谈艺术的"价值结构"》，见《天光云影》，北京大学出版社 2005 年版，第 74 页。

廊壁花窗（环秀山庄）

　　苏州园林漏窗是一道亮丽悦目的风景线，是吴地人民在长期的文化活动中积累的智慧结晶，也折射出华夏窗饰艺术博大精深的文化渊源，体现了吴文化的民俗意义和士大夫的审美精神。

　　本书精选了苏州园林漏窗 700 多例，并以图案形式内容分为六章。

　　由于图案大多十分抽象化、写意化，有些已经无法看出其原型，有的根本就没有原型，如花卉纹样，大多弯曲呈如意头，有的图案就是如意花瓣组合成花卉模样，是一种创造性组合图。图案线条往往相互借资，甚至是"横看成岭侧成峰"，很难确认。实在难以捉摸的图案，作为难以确指指称意义的形式美构图，我们另列"附图"一目。

第一章

自然符号

苏州园林花窗纹样千姿百态，令人目不暇接，但最初也都借助于自然形纹，依类象形，用线条表现出来。

上古时代"天"为抽象意义，"天"与"日"有时界限不很明显，人们崇拜天，称天神或日神。世界各民族几乎都崇奉太阳神，普林尼说："我们应该相信太阳是整个世界的生命和灵魂，不仅如此，他还是自然的主宰……"[1]

与太阳崇拜相关联的是对风云雷电等自然现象的崇拜。

第一节

拟日纹

太阳给大地送来了光明和温暖，是农业保护神、丰产的赐予者。

太阳驱散阴霾，致福祛祸，而且，"太阳能看到人间的正与错，他巡视整个世界，洞察人们的一切思想"[2]。它"可以看到一切，无论是善还是恶"[3]。因此，太阳象征着光明正大、明察秋毫之神。

这样，"太阳从一个发光的天体变成世界的创造者、保护者和奖赏者，实际上变成了一个神、一个至高无上的神"[4]。

埃及把法老称为太阳神拉的儿子，中国古代的皇帝，自称"天子"，也是太阳或太阳神的化身，所以，向着太阳，也就具有忠君和忠诚之义。

在苏州园林花窗上使用的太阳符号，或用圆形太阳符号来代表，近似中文象形字"⊙"，或用十字、卍字分别象征静止和运动着的太阳，或用旋转花纹代表。

一、变形涡状日纹

外形框架都是拟日圆形，变形涡状日纹是战国晚期常见的纹样，以内圈为中心，向内或向外伸展8～9个涡纹，内圈中向内伸

[1] 麦克斯·缪勒：《比较神话学·导言》，金泽译，上海文艺出版社1989年版，第5页。

[2] ［德］麦克斯·缪勒：《宗教的起源与发展》，金泽译，上海人民出版社1989年版，第187页。

[3] 同上。

[4] 同上书，第186页。

展 3～4 个涡纹，实为内外燃烧的火球，近似葵花，后人习惯称葵纹，沿袭至今，却并无考古依据。

图 1-1 和图 1-2 两个日纹图案都是以内圈为中心，向外伸展若干个旋涡，形成略似旋转的花纹。其中，图 1-2 中加上精美的如意别扣边饰，更显雅致。

图 1-3 和图 1-4 两个拟日纹造型相似，外圈无边饰，圆内外两圈火焰头纹。中心十字如意头。其中，图 1-3 中如意头连成一圈，而图 1-4 中间如意头清晰可辨。两个日纹都在耦园鹤寿亭内两侧，同中略异。苏州同一园林的花窗图案都不完全相同。

图 1-5～图 1-8 所示四个都以内小圆圈为中心，火焰纹向四周发散，纹头成如意状，组成形态不同的旋转花纹。

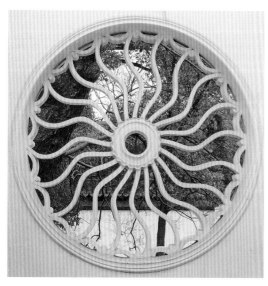

图 1-1 涡状日纹（沧浪亭）

图 1-2 涡状日纹（耦园）

图 1-3 涡状日纹（耦园）

图 1-4 涡状日纹（耦园）

图 1-5 涡状日纹（留园）

图 1-6 涡状日纹（西园）

图 1-7 涡状日纹（网师园）

图 1-8 涡状日纹（怡园）

　　下面四个（图 1-9～图 1-12）西园的花窗，中心都有一红色火球，有象征佛教光明吉祥以及忠于佛教教义等意义。

　　图 1-9 球面上有一朵梅花，花五瓣，象征五福。《尚书·洪范》篇中有"五福"之说："一曰寿，二曰富，三曰康宁，四曰攸好德，五曰考终命。"即一求长命百岁，二求荣华富贵，三求吉祥平安，四求行善积德，五求人老善终。《尚书·洪范》是商末巫祝的典籍，古人认为其辞乃上帝的训词，所以为后世所尊崇。梅花花蕊为一太极图案，"太极"是我国古代的哲学术语，意为派生万物的本源，表达"太极两仪"或"易有太极，是生两仪，两仪生四象，四象生八卦"，①这种宇宙生成观的图案叫作太极图。

　　被人称为阴阳鱼的图最早出现在明初赵撝谦的文字学著作《六书本义》中，当时叫《天地自然河图》。实际是由两只凤鸟对称分

① 《周易·系辞上传》。

图 1-9　涡状日纹（西园）　　　　　　　图 1-10　涡状日纹（西园）

图 1-11　涡状日纹（西园）　　　　　　　图 1-12　涡状日纹（西园）

布表达"阴阳两仪"的含义。① 四周围有抽象的蝙蝠形，蝙蝠含有幸福、长寿、扇扬仁义之风等吉祥意义。②

　　图 1-10 中心的火球由镂空莲花和藕组成，西园为寺庙园林，这里莲花应该象征佛花，佛教以淤泥秽土比喻现实世界中的生死烦恼，以莲花比喻清净佛性，其意有三：一曰莲花出淤泥而不染，"看取莲华净，方知不染心"③。二曰菩萨证见佛性后，还须发大悲心，回入污泥的尘世中去普度众生，故菩萨虽然处于污泥之地却广行善事，其心不染，犹如莲花。三曰，"譬如卑湿淤泥，乃生莲华。菩萨亦尔，于生死泥邪定众生中，乃生佛法"④。只有在污浊的世间普利群众，菩萨才能不断增进其道行、功德，才能真正地弘扬佛法。火焰发散呈如意头花纹，可看成佛法四播，吉祥如意。⑤

　　图 1-11 火球光焰四射，图 1-12 火球则发散成吉祥如意花纹。

① 详参本系列《吟花席地——铺地》第一章第三节。

② 详参本系列——《吟花席地——铺地》第二章"蝙蝠"。

③ 孟浩然：《大禹寺义公禅》。

④《大宝积经论》卷 3。

⑤ 详参本系列《吟花席地——铺地》第五章"如意"。

二、方形套涡状日纹

方形套涡状日纹都是外方套内圆的造型，中心旋转形拟日纹，方者为地的象征，象征着天圆而地方的中华古代宇宙观。天圆地方的观念产生于新石器时代，殷商"于中商乎御方"，按照东、南、西、北四个方向来确定"不能言喻"的帝，并与四季相对应。①

方形给人以单纯、大方、安定、开阔、舒展、平易、亲切、平静、永久之感。与圆形结合，象征着天地交感。

花窗图案中心拟日纹构图有繁简之分，组成结构匀称的优美构图。由于方形数理特征过强，方内四角隅和上下左右花纹不断变化，往往以如意头圆角或圆转的折线收束，减少了视觉的坚硬感和对环境的冲击力，赋予造型以自然韵味。

图1-13拟日纹以火焰纹为中心，四角隅如意头；图1-14四角隅也是如意头，但拟日纹形似车轮，比较简洁；图1-15四角隅和上下左右都为如意头，旋转状拟日纹上下左右各有蝙蝠状花纹；图1-16、图1-17都以旋转状拟日纹为中心，其中图1-17四角隅和上下左右有如意夔纹结。

图1-18中间旋转花纹左右有海棠花，四角隅围以芝花，寓意阖府光明、长寿；图1-19圆形中饰有软脚卍字，海棠四围，寓意阖府光明、万德吉祥等；图1-20圆形旋转纹四周围以芝花、海棠，寓意阖府光明、长寿。图1-21是比较典型的涡状日纹。

① 详参本系列《吟花席地——铺地》第一章第一节。

透风漏月——花窗

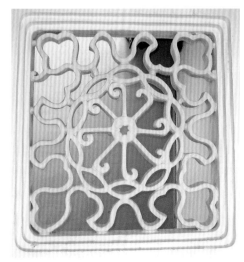

图1-13　涡状日纹（虎丘）

图1-14　车轮状拟日纹（虎丘）

第
一
章

自
然
符
号

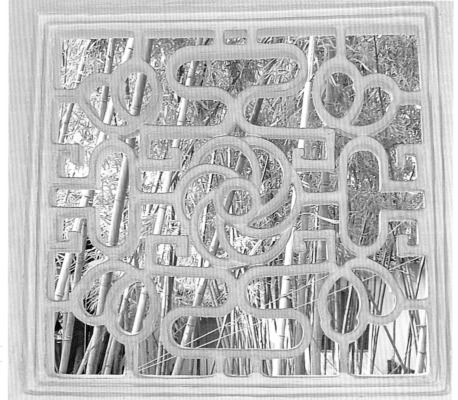

图 1-15 ┆ 图 1-16
图 1-17
图 1-18 ┆ 图 1-19

图 1-15
涡状日纹（网师园）

图 1-16
涡状日纹（虎丘）

图 1-17
涡状日纹（狮子林）

图 1-18
涡状日纹（虎丘）

图 1-19
涡状日纹（虎丘）

图 1-20　涡状日纹（虎丘）　　　　　　图 1-21　涡状日纹（畅园）

三、组合变形涡状日纹

　　组合变形涡状日纹外形都为方形套组合涡状日纹，构图丰富，变化多姿。

　　图 1-22 以十字穿小圆为构图中心，上下饰如意头纹。十字在宗教和艺术作品中，象征含义极其丰富：1976 年青海东部出土的马厂型马家窑文化中有四圆圈十字纹彩陶壶、四圆圈十字网纹彩陶壶等，说明"十"在中国新石器时代就产生了。"十"乃先民出入日之祭正东西南北定四方所获之象征性符号。甲骨文巫作"十"，十为巫事神、沟通天地人之工具。在基督教中，十字是忠诚的象征。对十字的崇拜，渊源于对数字四的崇拜，十字作为静止的太阳，图案强化了小圆的太阳意象。

　　图 1-23 夔纹护日，夔纹即夔龙纹的简化，夔龙是传说只有一足的龙形动

图 1-22　十字穿日纹（耦园）　　　　　图 1-23　夔纹护日（狮子林）

物①，夔纹护日象征安全稳固。图 1-24 中心如意海棠，上下左右四方涡形拟日纹，四角隅饰如意头，耀天日光，满堂光彩，全家称心如意。

图 1-25 花篮寿字日纹，四个涡形日纹分居两侧，一涡形日纹居花篮和寿字之中，四角隅饰如意头，组成完美均衡的构图，寓意如意长寿，生活如日光样灿烂，如鲜花般绚丽。图 1-26 中见八方套日纹，周以如意，象征如意吉祥，生活无处不灿烂。图 1-27 竹节居中，两侧拟日纹，儒家视竹为君子，竹节必露，竹梢拔高，寓意高风亮节；品德高尚不俗，未出土时便有节，视为气节的象征。唐张九龄《咏竹》诗称："高节人相重，虚心世所知。"②两日纹，寓意气节如日可鉴，为品格高洁之意。

① 详见第二章"夔龙纹"。

② （唐）张九龄：《和黄门卢侍
郎咏竹》。

图 1-24　如意日纹（狮子林）

图 1-25　花篮寿字日纹（沧浪亭）

图 1-26　八方套日纹（网师园）

图 1-27　竹节日纹（虎丘）

图 1-28 一日居中，周围如意头云纹，寓意旭日东升，喷薄而出，象征生活的如日方升，构图极为优美。云气纹，也称卷云纹、流云纹，以圆形连续构图。古以五云之物辨吉凶水旱丰荒之祲，有吉云、庆云、青云等名称，视云为吉祥之物。《河图帝通纪》："云者天地之本也。"因此，云与日、月、星同列，有非常重要的地位。后代通过对云纹的艺术加工，出现了行云、坐云、四合云、如意云等多种格式。如意云纹的曲线美也打破了方形框架和直线条的单调，使图案产生变化，充满动感，虚实相间。

图 1-28　旭日东升（耦园）

第二节

卍形

卍原为古代的一种符咒、护符或宗教标志。通常被认为是太阳或火的象征。早期日耳曼民族共有的神祇托尔，是个雷神，卐是他的槌子，与中国金文中的"雷"字相似。

卍纹亦见于我国古代岩画所绘的太阳神或象征太阳神的画像中，象征着太阳每天从东到西的旋转运行。一曰卍乃巫的变体，最早的巫是太阳的信使，卍还是太阳。

后来，卍运用于佛教，象征慧根开启、觉悟光明和吉祥如意的护符，寓功德圆满之意，印度的婆罗门教、佛教采用了这个符号。卍字成为释迦牟尼三十二相之一，即"吉祥海云相"。

卍本非字，唐武则天天授二年（691年），制定此吉祥符号读作"万"，寓万德吉祥之意。卍字纹样有向左旋和向右旋两种形式，唐代释慧琳等编著的《一切经音义》一书中有关卍的叙述，认为应以右旋为准，民间流传的两种形式通用，称为"路路通"。

一、卍和软脚卍符号组图

1. 斜式卍字

图1-29～图1-34中六个花窗均为斜式卍字，卍字线条连接方式稍有变化，有的四角隅和中心为卍字，有的只在四边中间设卍字，有的则卍字充满幅面。图1-34则为流水斜卍，嵌双钱。

图1-29　斜式卍字（沧浪亭）

图1-30　斜式卍字（虎丘）

图 1-31 斜式卍字（网师园）

图 1-32 斜式卍字（西园）

图 1-33 斜式卍字（怡园）

图 1-34 斜式卍字嵌钱（拙政园）

2. 宫式卍字

宫式卍字形漏窗造型规则，往往都有一条中轴线，左右图案对称，显得均衡、整齐，呈现出秩序和谐之美。

图 1-35、图 1-36 都有一条直线平分左右。其中，图 1-36 呈"十"字将窗幅面平分为 4 个部分，图 1-37 中轴线也很明显。

图 1-38 ~ 图 1-41 都为长方形漏窗，也为宫式，以中间的图案为中心，左右对称布局。

图 1-42 ~ 图 1-44 也为明显的宫式结构。其中：图 1-42 四个卍字置中心画面的左右两侧；图 1-43 三个卍字置窗面中心横向一字排开；图 1-44 幅面较宽，卍字呈满天星状。

3. 夔式卍字

图 1-45 夔式卍字，上下中心线各有一夔钉。镶嵌了万年青、竹堆塑。

第一章　自然符号

图 1-35
宫式卍字（虎丘）

图 1-36
宫式卍字（留园）

图 1-37
宫式卍字
（网师园）

图 1-38
宫式卍字（耦园）

图 1-39
宫式卍字（拙政园）

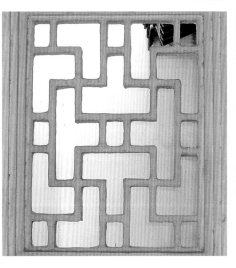

透风漏月——花窗

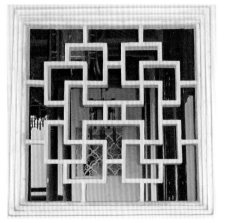

图1-40	图1-41
图1-42	图1-43
图1-44	图1-45

图 1-40
宫式卍字（怡园）

图 1-41
宫式卍字（拙政园）

图 1-42
宫式卍字（严家花园）

图 1-43
宫式卍字（严家花园）

图 1-44
宫式卍字（拙政园）

图 1-45
羹式卍字（狮子林）

4. 软脚卍字

图 1-46 ~ 图 1-49 均为瓦片搭砌的软脚卍字漏窗，质朴无华，巧妙地搭砌呈软脚卍字式样。

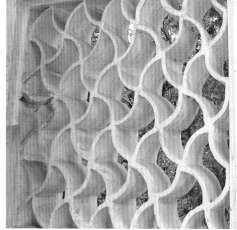

图 1-46　软脚卍字（虎丘）　　　　　图 1-47　软脚卍字（虎丘）

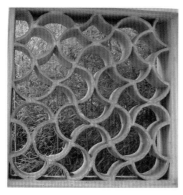

图 1-48　　　　　　　　　　图 1-49

二、以卍为中心组图

图 1-50 以卍形居中，卍上饰如意头纹，四角隅饰蝙蝠纹，寓幸福如意吉祥之意。图 1-51 卍字居中，上下左右饰如意头纹，四角隅似莲瓣纹，寓吉祥如意纯洁诸意。图 1-52 卍字左右嵌金锭，寓定能万德吉祥之意。图 1-53 四如意围软脚卍字，四角隅嵌海棠纹，寓阖家吉祥如意之意。

图 1-54 夔式斗方套卍字，卍字四角隅分别接四个类似鹅子的扁长圆，寓意万福、光明。图 1-55 软脚卍字拟日纹，四鱼纹聚头，寓意万福有余、光明磊落。图 1-56 如意头四围卍字，四角隅为圆形加如意头组成葫芦状，寓意万德吉祥、如意、子孙兴旺。

图 1-50　卍字如意蝠纹（虎丘）

图 1-51　卍字如意莲瓣纹（虎丘）

图 1-52　卍字嵌金锭（虎丘）

图 1-53　软脚卍字如意头、海棠纹（虎丘）

　　图 1-57~图 1-59 都为套方卍字。其中：图 1-58 方形内四角隅嵌如意头纹，外框左右嵌蝙蝠纹，寓万福如意诸意；图 1-59 四角隅嵌蝙蝠纹，中为套方卍字，寓意吉祥、幸福等。

图 1-54　菱形套卍字（虎丘）

图 1-55　软脚卍字、鱼纹（虎丘）

图 1-56　葫芦如意围卍字（拙政园）

图 1-57　套方卍字（拙政园）

图 1-58　套方卍字、蝠纹（拙政园）

图 1-59　套方卍字、蝠纹（拙政园）

三、几何图外围卍字

该组卍字组图比较复杂，中心位置是方、圆、六角、八角等几何图形。

图 1-60 亞形十字中心嵌象征长寿的芝花，四角隅亦为芝花花瓣，十字上下左右均衡地嵌着四个卍字，寓意万德吉祥、长寿。图 1-61 四卍字围着橄榄纹，橄榄先苦后甜，民间视为吉祥果（参见本书第三章第二节"橄榄纹"）。图 1-62 四卍字围橄榄纹，橄榄左右嵌如意结，上下各有一菱花，添称心如意、吉祥团结等意。

图 1-63 ~ 图 1-67 五图均为卍字围八角景，画面均衡。中国文化崇八，八的模式数字蕴涵着极大、无限的寓意，八与"发"谐音，寓有发家之意。图 1-66 为长六边形套八方，中国文化也崇"六"，六方象征着立体空间，包罗万象、广大无限，六与禄通，象征富贵，六与路通，象征人生征途的通畅。

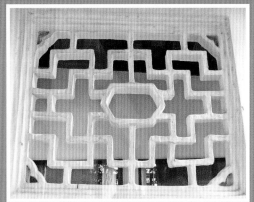

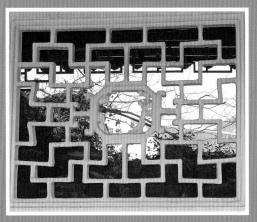

图 1-60　卍字芝花（沧浪亭）　　图 1-61　卍字橄榄（网师园）

图 1-62　卍字如意橄榄（西园）　　图 1-63　卍字围八角景（沧浪亭）

图 1-64　卍字围八角景（虎丘）　　图 1-65　卍字围八角景（狮子林）

图 1-60	图 1-61
图 1-62	图 1-63
图 1-64	图 1-65

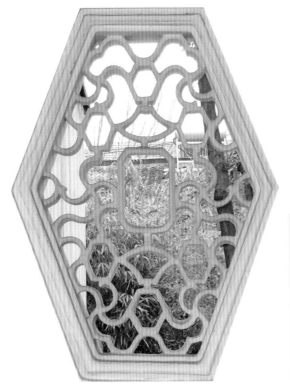

图 1-66　软脚卍字围八角景（沧浪亭）

图 1-67　卍字围八角景（拙政园）

　　图 1-68 卍字围日纹，四角隅嵌海棠，寓万德吉祥、满堂熠熠生辉之意。图 1-69 卍字围鹅子，鹅子上下嵌如意头，四围四颗鹅子，有五子登科、吉祥如意诸意。图 1-70 卍字围日纹，日纹周围嵌四颗鹅子，象征德泽后代、满堂辉煌。图 1-71 卍字围日纹，日纹上下嵌如意头，寓意德如日耀、称心如意。

图 1-68　卍字海棠围日纹（沧浪亭）

图 1-69　卍字围鹅子如意（狮子林）

图 1-70 卍字围日纹（西园）

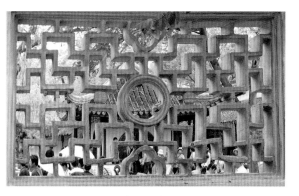

图 1-71 卍字如意头围日纹（拙政园）

　　图 1-72 ~ 图 1-75 四图都是卍字套方。其中，图 1-72 是方内套海棠，图 1-75 是套斗方。其他的区别在于卍字的正斜和多少、方形的大小，寓意都是万德吉祥之气、充溢四方，海棠则添春意及阖家之意。

图 1-72 卍字套方围海棠（虎丘）

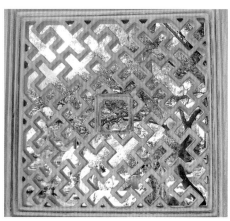

图 1-73 卍字套方（留园）

图 1-74 卍字套方（拙政园）

图 1-75 卍字套斗方（虎丘）

图 1-70　卍字围日纹（西园）

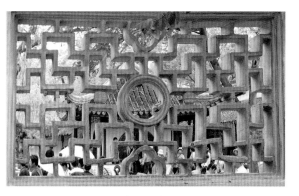

图 1-71　卍字如意头围日纹（拙政园）

　　图 1-72 ~ 图 1-75 四图都是卍字套方。其中，图 1-72 是方内套海棠，图 1-75 是套斗方。其他的区别在于卍字的正斜和多少、方形的大小，寓意都是万德吉祥之气、充溢四方，海棠则添春意及阖家之意。

图 1-72　卍字套方围海棠（虎丘）

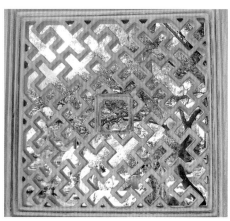

图 1-73　卍字套方（留园）

图 1-74　卍字套方（拙政园）

图 1-75　卍字套斗方（虎丘）

四、如意海棠卍字

　　大多是海棠居中，也有镶嵌在卍字中的海棠花，两侧如意头或上下左右嵌如意头或如意别扣，有的海棠花瓣本身由如意头组成，也有的海棠花瓣上嵌如意头，围以数个卍字符号。图案对称的居多，给人以和谐整齐的美感。海棠是春天的象征，又有满堂、阖府之意，和卍字组合成满堂万德吉祥的含义。

　　图1-76海棠居中，正中上下如意海棠纹，左右鹅子，四角隅嵌带钩卍字。图1-77～图1-80四图同中有异。图1-77海棠纹左右的如意头为圆形，图1-78的如意头为方形，图1-79如意圆头位置改在海棠纹上下，图1-80则没有嵌如意头。图1-81斜的九个卍字中嵌了四朵海棠花纹，吉祥寓意略同。

　　图1-82上下四个卍字，中心如意纹，如意两端嵌如意头。图1-83卍字套方，方中套海棠如意头纹。图1-84呈长方形，也是四个卍字，中心如意纹。图1-85海棠居中，上下左右各嵌如意头纹，卍字四围，寓阖家吉祥之意。

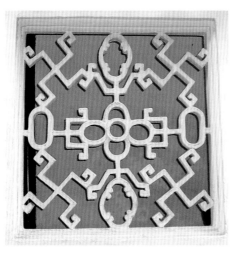

图 1-76　卍字围海棠如意纹（狮子林）

图 1-77　卍字如意套海棠纹（拙政园）

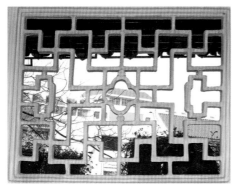

图 1-78　卍字如意套海棠纹（沧浪亭）

图 1-79　卍字如意套海棠纹（虎丘）

图 1-80 卍字套海棠纹（拙政园）

图 1-81 斜卍字嵌四海棠纹（怡园）

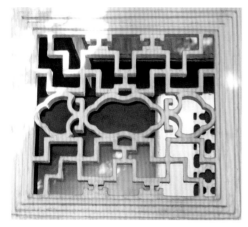

图 1-82 卍字套如意头纹（网师园）

图 1-83 卍字套方如意海棠纹（网师园）

图 1-84 卍字套如意头纹（网师园）

图 1-85 卍字套海棠纹（拙政园）

第三节

冰裂纹、冰梅纹、冰裂中镶嵌贝叶、九子

一、冰裂纹

花窗冰裂纹模仿自然界的冰裂，大多为直线条化成三角状，并有规律地延展、线条简练、粗犷、自然（见图1-86）。冰裂纹中还有自然形成的六角雪纹，当雪花形成的云层温度处于 –3 ~ 0℃ 时，呈六角形，这是苏州雪花的常态（见图1-87）。古人称"六出飞花"。

冰，是士大夫文人追求人格完善的象征符号，所谓"怀冰握瑜"，象征人品的高洁无瑕。南朝诗人鲍照，不满门阀制度对人才的压抑，曾写诗直陈自己的品格是"直如朱丝绳，清如玉壶冰"[①]。唐代王昌龄用"一片冰心在玉壶"，证明自己人格的高洁、为人的清白。

姚元崇《冰壶诫·序》曰："冰壶者，清洁之至也。君子对之，示不忘乎清也。夫洞澈无瑕，澄空见底。当官明白者有类是乎！故内怀冰清，外涵玉润，此君子冰壶之德也。"[②]

中华艺术讲究人品、文品和艺品的统一，具有强烈的道德审美意识。"胸次洒脱，中无障碍，如冰壶澄澈，水镜渊渟。"[③]雪和冰往往连称，也是人格美象征，"静心抱冰雪，暮齿通桑榆"[④]"冰雪净聪明，雷霆走精锐"[⑤]。

图1-88冰裂纹套折扇纹，折扇，寓福、善、美诸意。（详见本书第四章第三节"折扇"）

① 鲍照《代白头吟》，四部丛刊初编·集部《鲍氏集》卷3。

② （宋）姚铉编：《唐文粹》四库全书本，卷78。

③ （明）吴宽《书画签影》。

④ （宋）李昉、徐铉等编：《文苑英华》卷233南朝陈江总《再游栖霞寺言志》。

⑤ 杜甫《送樊二十三侍御赴汉中判官》。

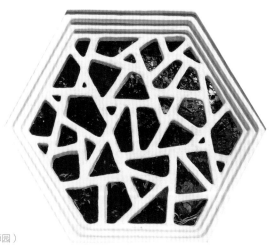

图1-86　六角套冰裂纹（网师园）

图 1-87　冰雪纹（西园）

图 1-88　冰裂纹套折扇纹（耦园）

二、冰梅纹

冰裂纹中镶嵌梅花，老梅似傲寒于"冰裂纷纭"之中，给人以晶莹高洁之感，营造冷艳幽香的氛围（见图 1-89 ~ 图 1-92）。五瓣梅花，花形饱满秀雅，花开五瓣，谓"梅开五福"，寓意吉祥。

图 1-89　冰梅（耦园）

图 1-90　冰梅（网师园）

图 1-91　冰梅（西园）

图 1-92　冰梅（拙政园）

其中，图 1-92 冰梅四周围云雷纹。云雷，是正义的代表和雨水的象征，借以保护木构架建筑。

三、冰裂中镶嵌贝叶、九子

贝叶，又称贝多罗叶，叶子阔大，用水沤泡后可以抄写经文。在古代的印度，人们将圣人的事迹及思想用铁笔记录在象征光明的贝多罗（梵文）树叶上；佛教徒也将最圣洁、最有智慧的经文刻写在贝多罗树叶上，称为"贝叶书"。传说贝叶书虽经千年，其文字仍清晰如初，其所拥有的智慧是可以流传百世的。冰裂中镶嵌贝叶，象征着不朽的佛教经文（见图 1-93）。

冰裂中嵌九子纹，九子象征龙生的九子，九，即多，不必实指，用多个圆形图案表示（见图 1-94）。[1]

① 参第二章"九子"。

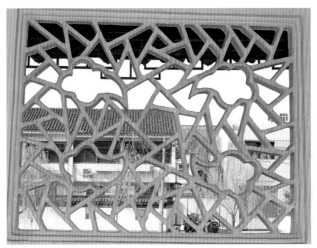

图 1-93　冰裂贝叶（沧浪亭）　　　　　　　　　　　　图 1-94　冰裂九子（狮子林）

第四节

八卦图纹

八卦最初是上古人们记事的符号，后被用为卜筮符号（见图 1-95）。《太平御览》："伏羲坐于方坛之上，听八风之气，乃画八卦。"后世有伏羲八卦和文王八卦之分。《易传》八卦以"—"为阳，以"--"为阴，组成乾、坤、震、坎、艮、巽、离、兑，以类万物之情，象征天、地、雷、风、水、火、山、泽8种自然现象，以推测自然和社会的变化。认为阴、阳两种势力的相互作用是产生万物的根源，并认为"乾"和"坤"两卦在八卦中占据特别重要的地位。八卦图后为道教广为应用，赋予其神通广大、震慑邪恶的魔力。

图 1-95　八卦（沧浪亭）

第二章

抽象的吉祥动物纹样

英国人类文化学家马林诺夫斯基认为："原始人将动物放在自然界底第一列。动物与人相近的地方（会动、会发声、有感情、有身体与面孔），动物较人占优势的地方（鸟能飞，鱼能游，爬虫能脱皮，能变换生命，且能避居地内），同时再加上动物是人与自然界底中间系结，即常在体力、机警、诡诈等方面超越于人，又是人的必要食品——凡此种种，都使动物在野蛮人的世界观里占到特殊地位。"①

动物是渔猎农耕时代不可或缺的人类生存资源，在万物有灵的原始先民眼里，一切对人类有用或构成某种威胁的飞禽走兽，都有"神"，它们成为自然力量的代表。商代早期的刻绘图形中，"其中之动物的确有一种令人生畏的感觉，显然具有由神话中得来的大力量。"②"商周青铜器上的动物纹样也扮演了沟通人神世界的使者的角色。"③

花窗纹样中的动物纹样，都比较抽象化，"象物"只是对某种动物某一特征的夸张描写，是用线条勾勒的速写，造型美观，结构稳健，符合形式美，使人们的视觉得到愉悦，而且，还蕴含着丰富的吉祥寓意，成为一种特殊的审美创造，表现了人们的创造才能和审美意识。

花窗中塑造的抽象吉祥动物，大多是龙、蝙蝠、蝴蝶、龟、鱼等。

① [英]马林诺夫斯基：《巫术科学宗教与神话》，李安宅译，上海文艺出版社1987年版，第38页。

② 张光直：《商周神话与美术中所见与动物关系之演变》，载《中国青铜时代》，生活·读书·新知三联书店1983年9月版，第292页。

③ 张光直：《美术、神话与祭祀》，辽宁教育出版社1988年版，第52页。

第一节

龙、九子、夔龙

龙，是先民基于自然崇拜而假想的动物，龙文化在我国已经有八千年左右的历史。龙最早被东方"夷族"的太皞部落视为图腾。后来，随着历史的推进，各部落间因战争、迁徙、杂居、通婚等因素，彼此间文化相互渗透融合，逐渐形成了龙的"九似"之身，受到以农立国的中国先民的龙图腾崇拜，龙成为中国文化的象征、民族魂的标志。

中华龙是大自然威力的象征，东汉许慎在《说文解字·龙部》中说："龙，鳞虫之长。能幽能明，能细能巨，能短能长。春分而登天，秋分而潜渊。"龙不仅具有变幻莫测的神异色彩，还能在水中游，云中飞，陆上行，呼风唤雨，行云播舞，司掌旱涝，主宰风雪雨露，具有利万物的吉祥内涵。雨水乃农业生产的命脉，"主水之神"龙，能兴云作雨祈丰收，遂成为百姓心中神圣、吉祥、喜庆之神和保护神。

汉开国之君刘邦首先以龙子自贵，龙遂成为"帝德"和"天威"的标记，成为皇家建筑装饰的专利，而不允许出现在非皇家的建筑装饰中。私家园林建筑物上的龙饰物，大多为四爪龙、三爪龙，以区别作为皇帝象征的"五爪金龙"。苏州园林内花窗主要采用夔龙纹、草龙纹、拐子龙纹来装饰，以避僭越之嫌。

一、龙戏珠

拐子龙是一种把龙形简单化的图案，接连不断的拐子龙包含着无限幸福的意义。苏州园林花窗上的戏珠龙拐子龙纹比较罕见。

《庄子·列御寇》有"千金之珠，必在九重之渊，而骊龙颔下"。《埤雅》言："龙珠在颔。"龙珠常藏在龙的口腔之中，适当的时候，龙会把它吐出来："凡珠有龙珠，龙所吐者……"[1] 珠，是水中某些软体动物在一定的外界条件刺激下，由贝壳内分泌并形成的圆形颗粒，光泽亮丽，因称珍珠。龙为水族之长，龙珠自然不同凡响。一曰龙珠即龙卵；双龙戏珠，象征着雌雄双龙对生命的呵护、爱抚和尊重。这些都体现和表达了古人的"生命意识"。

图2-1和图2-2多采用多曲线外形。其中，图2-1海浪托日，象征着太阳出东海，龙为东方之神，迎旭日，含有太阳崇拜的意义。

[1]《南朝梁任昉：述异记》卷上。

图2-1 双龙戏珠（沧浪亭）

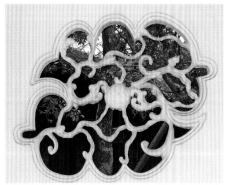

图2-2 双龙戏珠（沧浪亭）

一说龙能降雨，民间遇旱年常拜祭龙王祈雨，后演变成"耍龙灯"的民俗活动。"二龙戏珠"即由"耍龙灯"演变而来，有庆丰年、祈吉祥之意。

二、九子

古代神话传说有龙生九子不成龙，各有所好，各展所长。其形象多饰于建筑或器物上，"各司其职"，用来避邪驱魔，以保安宁。

"九"也只言其多，明人笔记中记载甚多，如陆容的《菽园杂记》、李东阳的《怀麓堂集》、杨慎的《升庵外集》、李诩的《戒庵老人漫笔》、徐应秋的《玉芝堂谈荟》等，但所记龙子的名字及其功能略有不同。其中与建筑有关的楼庆西先生做过论述①，大致有：

嘲风，平生好险，殿角走兽。赑屃（bixi），一称龟趺，似龟有齿，喜欢负重，长年累月地驮载着石碑，多立于庙宇祠堂；一说负屃，身似龙，雅好斯文，盘绕在石碑头顶。狴犴（bi'an），又叫宪章，形似虎有威力，好讼，刻铸在监狱门或官衙正堂两侧，以增强监狱的威严，令罪犯望而生畏。螭吻，又名鸱尾或鸱吻，形状像四脚蛇剪去了尾巴，口润嗓粗而好吞，最喜欢四处眺望，相传汉武帝建柏梁殿时，有人上疏说大海中有一种鱼，虬尾似鸱鸟，也就是鸱鹰，能喷浪降雨，用来厌辟火灾，于是便塑其形象在殿角、殿脊、屋顶之两端，取其灭火消灾之意。趴蝮（paxia），最喜欢水，常饰于石桥栏杆顶端。一说即好饮食的饕餮（taotie），形似狼，因它能喝水，常立于古代桥梁外侧正中，防止大水将桥淹没；又说名蚣蝮，好立，站桥柱。椒图，性情温顺，形似螺蚌，最反感别人进入它的巢穴，遇到外物侵犯，总是将壳口紧合，因而人们常将其形象雕在大门的铺首上，或刻画在门板上。其他还有好音乐的囚牛、嗜杀喜斗的睚眦、好鸣的蒲牢和好烟火又好坐的狻猊等。

花窗"九子"纹用多个圆纹表示，镶嵌在十字纹、卍纹、夔纹、橄榄纹等几何纹中，象征厌辟火灾等神力（见图 2-3 ~ 图 2-7）。

---

① 楼庆西：《中国古建筑二十讲》，生活·读书·新知三联书店2001 年版，第 269-270 页。

三、夔龙纹

夔龙纹，古钟鼎彝器等物上所雕刻的夔形纹饰，也称夔纹。夔是传说中只有一足的龙形动物，状如牛，苍身而无角，一足，出入水则必风雨，其光如日月，其声如雷，声闻五百里。花窗夔纹已经高度抽象化。图 2-8 四边和套方四边略呈夔形。图 2-9 夔纹围珠。图 2-10 夔龙纹套八角景，八角中间十字穿斗方，形似灯笼，夔纹中嵌有芝花，寓意安全、光明、长寿。

图 2-3　九子（虎丘）

图 2-4　九子（西园）

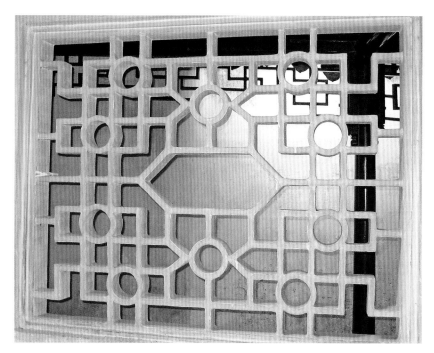
图 2-5　卍穿九子（留园）

图 2-6　夔式九子（虎丘）

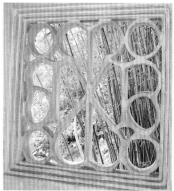
图 2-7　九子（留园）

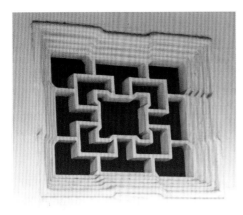

图 2-8　夔纹（环秀山庄）

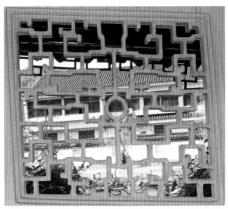

图 2-9　夔纹（沧浪亭）

图 2-10　夔纹套灯景纹（虎丘）

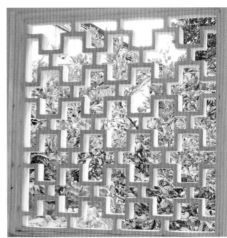

图 2-11　夔纹（环秀山庄）

　　图 2-11 夔纹锦。图 2-12 套方窗景，方形左右夔纹组成上下两如意头，夔纹中嵌四海棠，四角镶银锭纹，寓阖家必定如意之意。图 2-13 夔纹正中六尖角形，上下左右围以折扇纹；图 2-14 夔纹嵌海棠、古钱；图 2-15 如意结夔纹围海棠纹，四角隅嵌芝花。均有家庭安全、幸福、长寿之寓意。

　　图 2-16 夔纹套八角灯景，灯景四角嵌海棠，有阖家喜庆的色彩。图 2-17 夔纹套六角景，有"禄"和"顺"之意。图 2-18 夔纹左右饰如意头、图 2-19 夔纹套圆，圆内略似四蝠纹围如意纹花，均有幸福、如意、光明之意。

　　图 2-20～图 2-23 的共同点是四角隅都有抽象的夔式蝙蝠纹，有夔式蝠纹套八角景，八角景中又套夔纹（见图 2-21）、夔式蝠纹套菱形（见图 2-22）、夔式蝠纹套如意纹海棠（见图 2-23）。寓意全家幸福、如意等。

　　图 2-24 以四个如意扣组成类海棠纹，四角隅蝙蝠纹。图 2-25 夔式蝠纹套如意海棠纹，图 2-26 夔式蝠纹如意扣套八方，均有全家幸福、如意之意。

 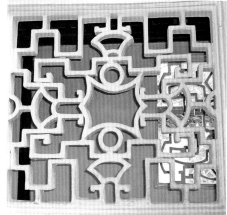

 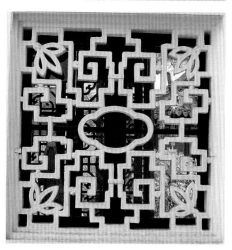

 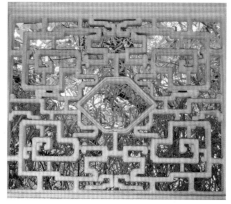

图 2-12　如意夔纹嵌海棠纹（狮子林）　　图 2-13　夔纹嵌折扇纹（狮子林）

图 2-14　如意夔纹嵌海棠（怡园）　　图 2-15　如意夔纹围海棠（怡园）

图 2-16　夔纹套灯景海棠（怡园）　　图 2-17　夔纹套六角景（拙政园）

图 2-18　夔式如意纹（拙政园）　　　图 2-19　夔纹套圆（拙政园）

图 2-20　夔式蝠纹（虎丘）　　　　　图 2-21　夔式蝠纹套八角景（环秀山庄）

图 2-22　夔式蝠纹套菱形（狮子林）　图 2-23　夔式蝠纹套海棠（网师园）

图 2-18	图 2-19
图 2-20	图 2-21
图 2-22	图 2-23

图 2-24　夔式蝠纹如意扣（网师园）

图 2-25　夔式蝠纹如意海棠（西园）

图 2-26　夔式蝠纹如意扣套八方（拙政园）

第二节

蝙蝠、蝴蝶

一、蝙蝠

蝙蝠，是唯一真正能够在天空自由自在翱翔的哺乳动物。在古代波斯和中国，都视蝙蝠为吉祥之物。"蝠"与"福"同音，基于中华先人的语音拜物教，蝙蝠为长寿之物。晋崔豹《古今注·鱼虫》："蝙蝠，一名仙鼠，一名飞鼠。五百岁则色白脑重，集则头垂，故谓之倒折，食之神仙。"蝙蝠还是善于韬晦避祸之动物，它深藏在黑洞，到晚上才出现，一身幽暗，很难被人发现。中华先人还发现，作为夜行者的蝙蝠，不仅善于保护自己，还能帮助钟馗捉鬼。

中国人用丰富的想象和大胆的变形移情手法，把原来并不美的形象变得翅卷祥云、风度翩翩，蝙蝠的翅膀和身子都盘曲自如，逗人喜爱，用蝙蝠组成图案，广泛地应用于园林及其他装饰艺术中，寓意有福、福运和幸福。

花窗上的蝙蝠纹样往往与其他图案组合成一个吉祥主题，蝙蝠形图案大多镶嵌在四角隅，双蝙蝠分踞左右两侧，中间有套海棠、套卍字，还有的镶嵌花篮、如意头、金锭、拟日纹等。表达合家幸福、万德吉祥、如意及阖家阳光灿烂、必定幸福等寓意。[①]

图 2-27 ~ 图 2-29 都是左右双侧两只翩翩起舞的蝙蝠纹，图 2-30 四边蝙蝠纹，中间形似柿蒂纹，寓意幸福、事事如意。

① 详参曹林娣：《论中国园林的蝙蝠符号——福寿德善美仁的象征》，苏州教育学院学报 2007 年第 2 期。

图 2-27 双蝙蝠（虎丘）

图 2-28 双福如意（虎丘）

图 2-29　双福如意（沧浪亭）

图 2-30　四蝠海棠（网师园）

　　图 2-31 四角隅嵌蝠纹，中间拟日纹，日纹上下嵌金锭，有定能幸福、光明之意。图 2-32 图案较复杂，除了四角蝠纹外，中间套了二重蝠纹，中心处为海棠纹，全图有 12 只蝠纹围海棠，强化了全家福。图 2-33 四角隅如意头纹，以幸福如意为主题。

　　图 2-34 四角隅嵌蝠纹套八方，八方套斗方围卍字，斗方四角顶蝶纹，寓幸福、长寿、吉祥诸意。图 2-35 是塑窗，蝙蝠头朝下，衔着磬状物和寿桃，寓意福庆有寿。图 2-36 四角嵌蝠纹套四方，方中如意头，四蝶顶方，寓幸福、长寿、如意诸意。图 2-37 四角和四边正中都嵌蝠纹，强化了幸福主题。

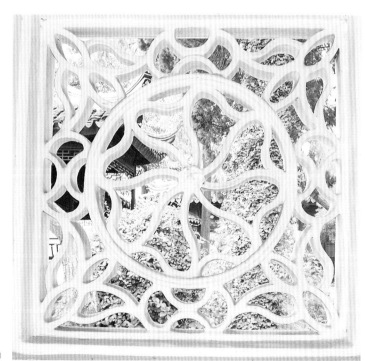

图 2-31
四蝠金锭拟日纹（鹤园）

图 2-32　四蝠纹海棠（西园）　　　　图 2-33　四蝠如意（严家花园）

图 2-34　四蝠围卍（拙政园）　　　　图 2-35　福在眼前（沧浪亭）

图 2-36　四蝠蝶纹如意（拙政园）　　图 2-37　八蝠如意（网师园）

图 2-38～图 2-40 都是四角隅嵌蝠纹，中围如意头纹，寓意幸福如意。图 2-41 四角隅蝠纹围牡丹花纹，有幸福富贵之意。

图 2-42、图 2-43 和图 2-45 都是四蝠如意头纹，蝠纹线条稍有变化。图 2-44 比较复杂，方窗中围有三圈，外圈似九子连线，还串有六如意头；中圈夔纹，内圈为方，方内套四蝠纹圈如意头。有多子幸福如意等吉祥含义。

图 2-46 四角嵌蝠纹，中套八方顶如意头纹。图 2-47 比较简单，四蝠纹套扁方。图 2-48 和图 2-49 都为寺院花窗，中心套佛字。其中：图 2-48 呈夔式纹，六方中嵌佛；图 2-49 四蝠纹，中为如意嵌佛，上下左右镶四海棠。寓意佛送幸福、如意，满室生辉。

图 2-38　四蝠如意头纹（网师园）

图 2-39　六蝠如意头纹（网师园）

图 2-40　四蝠如意头纹（怡园）

透风漏月——花窗

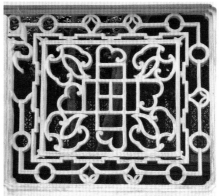

图 2-41	图 2-42
图 2-43	图 2-44
图 2-45	

图 2-41
四蝠牡丹纹（狮子林）

图 2-42
四蝠如意头纹（虎丘）

图 2-43
四蝠如意头纹（西园）

图 2-44
套方嵌蝠纹（拙政园）

图 2-45
四蝠如意头纹（拙政园）

图 2-46 四蝠套八方如意头纹（拙政园）

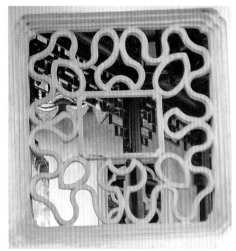

图 2-47 四蝠套方（耦园）

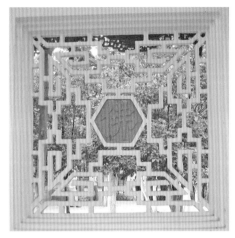

图 2-48 夔式蝠纹围六方套佛字（寒山寺）

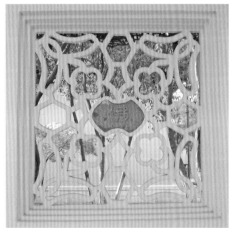

图 2-49 四蝠纹套如意头纹围佛字（寒山寺）

二、蝴蝶

蝴蝶，一名蛱蝶，野蛾，风蝶。《尔雅》写作"蛺"字（古"蝶"字）。

早在 6000 年前的浙江河姆渡石器时代，先民们就制作了大量的"蝶形器"作为装饰品。蝴蝶是美的象征，也是美好生活的征兆。蝴蝶以其独特的魅力，从纯粹的自然，跃入人化了的自然中。

花留蛱蝶粉，梦为蝴蝶也寻花，蝶恋花，象征爱情。云南雯姑和霞郎蝴蝶泉边化彩蝶、韩凭夫人裙带化蝶、梁山伯与祝英台殉情化双蝶，蝴蝶象征着万古贞魂。

蝴蝶是哲学家参悟真谛的媒介，庄生晓梦迷蝴蝶，蝴蝶代表生命状态和心灵世界的变化。

穿花蛱蝶深深见，蝴蝶也是生命力的象征；花丛乱数蝶，蝴蝶是春意烂漫的使者。

蝶与"耋"同音，八九十岁的老人在古时称耄耋，蝶与猫组成的图案寓意长寿、健康。

蝶纹在园林花窗中，有的花窗外框为蝶形，有单蝶、双蝶、四蝶，中间镶嵌牡丹、葫芦、海棠、梅花、如意、芝花、卍字等，象征长寿、富贵、多子、五福、满堂吉祥等寓意。

图2-50～图2-53都是四蝶捧牡丹，象征富贵长寿，有的嵌葫芦（见图2-50），增多子之意；有的嵌海棠纹，增满堂春色、阖家富贵长寿等意（见图2-53）。

图2-54、图2-55中四蝶分居上下左右。图2-56～图2-58中四蝶纹嵌在四角隅。其中：图2-56中套芝花瓣，八个如意头围方；图2-57中花蕊呈海棠纹；图2-58上下左右呈四如意头，画面多姿，均寓为长寿之意。

图2-59～图2-63均为双蝶组图，或居左右，或位上下。其中：图2-59双蝶套方梅花，有长寿、幸福之意；图2-62幅面满布芝花，强化长寿主题。图2-64是单蝶如意海棠，一蝶展双翅，双目突出，线条圆润、优美，寓变化于对称均衡之中。

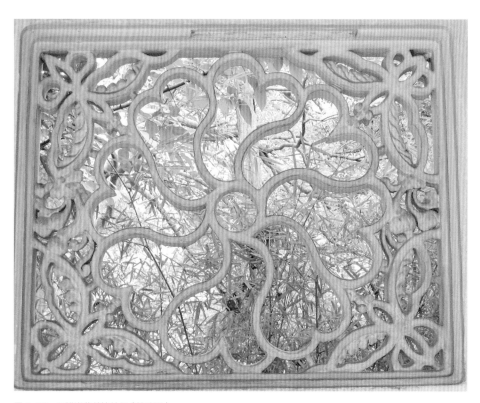

图2-50　四蝶嵌葫芦捧牡丹（拙政园）

第
二
章

抽
象
的
吉
祥
动
物
纹
样

图 2-51	图 2-52
图 2-53	图 2-54
图 2-55	

图 2-51
四蝶捧牡丹（留园）

图 2-52
四蝶捧牡丹（严家花园）

图 2-53
四蝶嵌海棠捧牡丹
（怡园）

图 2-54
四蝶如意（耦园）

图 2-55
四蝶捧圆（沧浪亭）

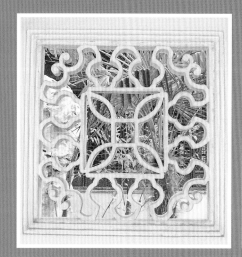

图2-56　四蝶套方嵌芝花瓣如意（严家花园）　　图2-57　四蝶纹（严家花园）

图2-58　四蝶纹（严家花园）　　图2-59　双蝶梅花如意（虎丘）

图2-60　双蝶（留园）　　图2-61　双蝶如意（网师园）

图2-56	图2-57
图2-58	图2-59
图2-60	图2-61

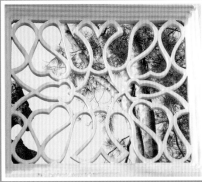

图 2-62　双蝶（西园）

图 2-63　双蝶芝花（留园）　　　　图 2-64　单蝶海棠（拙政园）

图 2-65　夔围蝴蝶（沧浪亭）　　　　图 2-66　四蝶如意捧卍（沧浪亭）

图 2-62	
图 2-63	图 2-64
图 2-65	图 2-66

图2-65夔纹幅面套蝶纹，围以四蝶，画面复杂而又均衡；图2-66可视为四蝶围卍加如意头。图2-67卍纹围蝶纹，围以梅花纹，都以长寿、幸福如意为主题。

图2-68～图2-71均为单蝶造型。有的嵌海棠（见图2-68）；有的幅面近似网纹（见图2-69），有网罗财富之意；有的嵌如意头（见图2-70）；图2-71则外框呈蝶状，整个幅面似一只大蝴蝶，有阖家长寿、富贵等意。

图2-72双蝶围牡丹，长寿富贵之意甚明，画面柔美，外面透进玉兰，更有玉堂之想；图2-73四蝶套方，方中直角如意头纹嵌日纹；图2-74四蝶聚头，四角隔巧妙地构成如意头纹；图2-75与图2-57相类，但中心如意头更柔润；图2-76四角隔蝶纹套扁方，方为四圆角，嵌如意头纹。

图2-77四蝶围斗方，图2-78四蝶围牡丹，寓意无处不在的长寿富贵。图2-79四角隔捧蝶纹，中心捧"佛"字，佛字上下左右巧妙地组合成蝶状，翅膀近似荷花瓣，十分巧妙，构图优美，寓长寿愿望于礼佛之中。

图2-67 卍蝶纹梅花（沧浪亭）

图2-68 单蝶海棠（虎丘）

图2-69 蝴蝶纹（西园）

图2-70 蝴蝶纹（拙政园）

第二章　抽象的吉祥动物纹样

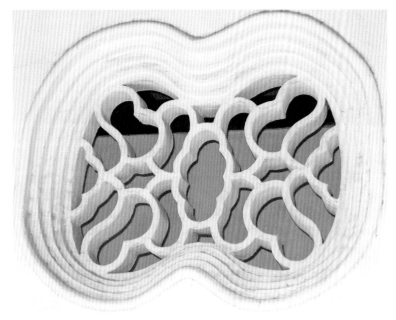

图 2-71　蝴蝶纹（环秀山庄）

图 2-72　上下蝶纹围牡丹（网师园）

图 2-73　蝶纹套方（拙政园）

图 2-74　四蝶纹（虎丘）

图 2-75　四蝶围如意（西园）

图 2-76　蝶纹如意头（怡园）

图 2-77　四蝶纹围斗方（环秀山庄）

图 2-78　四蝶围牡丹（虎丘）

图 2-79　蝶纹捧佛（寒山寺）

图 2-76	
图 2-77	图 2-78
图 2-79	

第三节

鱼、龟

鱼纹为新石器时代四大图腾符号之一。创世神话中四条鳌鱼腿支撑着大地。鱼又是渔猎时代先民的主要生活来源之一，原始社会的彩陶盆，商周时的玉佩、青铜器上多有鱼形。多子的鱼，常被先民用于祝吉求子、以求生育繁衍的象征。

鱼也象征着逍遥自在的生命情韵。西晋苏州张翰在洛，因见秋风起，乃思吴中菰菜、莼羹、鲈鱼脍，遂命驾而归，未受齐王叛乱之累。张翰的"鲈鱼之叹"，很为后人艳称，鱼象征着古人的生存智慧。

在民俗中，"鱼"与"余"同音，经常借谐音求福求利，比喻富余、吉庆和幸运。借"鱼"与"玉"的同音指"玉"；"金鱼"与"金玉"谐音，鱼与"余"同音，隐喻富裕、有余。"金玉满堂"，言财富极多，亦用以称誉才学过人；鲤鱼与"利余"谐音，鲢鱼寓意"连（鲢、连同音）年有余（鱼、余同音）"。[1]

① 详参曹林娣：《静读园林·浪中得上龙门去》，北京大学出版社 2005 年版，第 205 页。

一、抽象鱼纹

图 2-80 四金鱼各占一角隅，体态优雅；图 2-81 双金鱼聚头，下方线条似波纹，发金鱼满水塘的联想；图 2-82 四鱼嵌如意头纹；图 2-83 四鱼纹居四角隅，中套芝叶，上下如意头；图 2-84 四角隅嵌如意头纹，上下左右四鱼纹顶海棠；图 2-85 四鱼纹嵌于四角隅。线条都极简洁抽象。

图 2-86 造型比较清晰，磬下悬双鱼，寓意吉庆有余（双利）；图 2-87 形似一大金鱼；图 2-88 似双金鱼，线条似波纹，亦含金鱼满塘（金玉满堂）的吉祥意义；图 2-89 抽象的四鱼聚头，有多利聚头、富贵齐来之意。

图 2-80　四金鱼（严家花园）

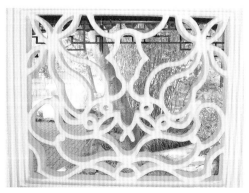

图 2-81　双金鱼（拙政园）

图 2-82 四鱼聚头（虎丘）

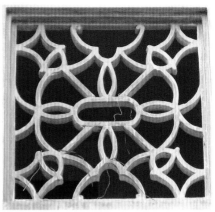

图 2-83 四鱼（虎丘）

图 2-84 四鱼海棠（虎丘）

图 2-85 四鱼（环秀山庄）

图 2-86 吉庆双利（网师园）

图 2-87 双鱼如意（沧浪亭）

图 2-88 双金鱼波纹（沧浪亭）

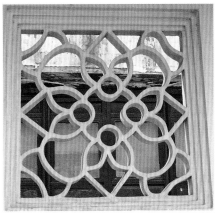

图 2-89 四鱼聚头（拙政园）

二、鱼鳞纹

鱼还以鳞纹出现，鳞纹形似波纹，为水中生活之鱼长期为适应环境而形成的适应性保护纹（见图 2-90、图 2-91）。

图 2-90 鱼鳞纹（虎丘）

图 2-91 鱼鳞纹（严家花园）

三、龟锦纹

六边形因类似龟背，称为"龟背纹"。龟崇拜在中国古代由来已久，早在彩陶时期，就出现了由部落图腾演变而来的龟形装饰图案。古人把麟、凤、龟、龙看成"四灵"。龟是其中之一，称"灵龟"。龟能忍受饥渴，生命力极强。《艺文类聚》引《孙氏瑞应》云："龟者神异之介虫也，玄彩五色，上隆（指背）象天，下平（指腹）象地，生三百岁，游于蕖叶之上，三千岁尚在蓍丛之下。明吉凶，不偏不党，唯义是从。"龟成为长寿的象征，用龟背纹作装修图案，有希冀健康长寿之寓意。龟能知存亡吉凶之忧，殷周时，卜人以灼龟甲为统治者预卜吉凶。龟还用于祭祀，与鼎、玉皆为国家重器。唐代以前，龟纹作为装饰题材已广泛应用在各类工艺美术中。"龟锦纹"（见图2-92）则始现于唐并一直沿用至今，因其寓意吉祥，成为一种重要的图案骨架。

龟锦纹中有错杂海棠纹（见图2-93），寓满堂健康长寿之意。较多的是在幅面中心嵌其他图案，以添吉祥，如梅花（见图2-94），添梅开五福之意；花篮（见图2-95），增喜庆之色；万年青，增长寿之意（见图2-96）。

图2-97龟背形图案中嵌夔形如意结和芝花，寓长寿如意；图2-98龟背居中，四如意头居角隅，四鹅子分居四边，以简洁的线条，寓长寿如意之意；图2-99龟锦纹并非满幅中间围成六瓣形花纹，比较别致；图2-100五个十字龟背，中间纵向略呈寿字纹，线条虽简洁明了，但组图巧妙；图2-101龟锦纹套芝花，强化长寿之意；图2-102龟锦纹套拟日纹，更添光明、坦荡磊落诸意。

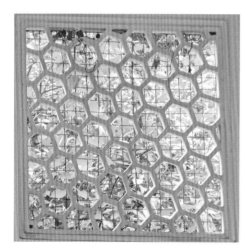

图2-92　龟锦纹（环秀山庄）

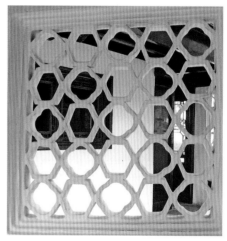

图2-93　龟背海棠锦（拙政园）

图2-94　龟锦梅花（拙政园）

图2-95　龟锦嵌花篮（拙政园）

第
二
章

抽
象
的
吉
祥
动
物
纹
样

图 2-96

图 2-97	图 2-98
图 2-99	图 2-100

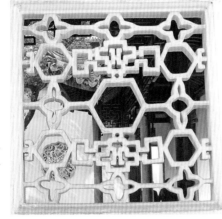

图 2-96
龟锦嵌万年青花篮
（拙政园）

图 2-97
龟背芝花夔纹
（狮子林）

图 2-98
龟背如意（西园）

图 2-99
龟锦纹（拙政园）

图 2-100
十字龟背（拙政园）

图 2-101
龟锦套芝花
（拙政园）

图 2-102
龟锦套日纹
（拙政园）

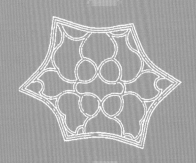

第三章

花卉纹

华夏民族的祖先与"花"有关，华即花字，《说文解字》载："开花谓之华。"华即植物开花的代称。五色谓之夏，华夏即五色的花朵。

亨利·威尔逊《中国·园林的母亲》主要是指中国植物是欧美国家花园观赏花的丰富资源。

花卉有广义和狭义之分，广义花卉指所有具有一定观赏价值、并经过一定技艺进行栽培和养护的植物；狭义花卉仅仅指草本的观花植物和观叶植物。花是植物的繁殖器官；卉是草的总称。

姹紫嫣红、风姿绰约的花卉，蕴藏着中国文化精神，规范着人们的审美创造；花卉丰富的艺术形态，也反过来改造和陶冶着人们的心灵。

树崇拜是早期人类所信奉的原始崇拜习俗之一，世界各地不同的民族有着不同的"树崇拜"类型，有的认为树木是"精灵住所"，树上有神的使者。

缘于人类早期的直觉思维，人们对植物的生态习性、外部形态乃至内在性格，观察细微，往往亦能得乎性情，并多与文人品性相互辉映，成为蕴含丰富的文化符号和文人的情感载体。[1] 清张潮《幽梦影》曰："梅令人高，兰令人幽，菊令人野，莲令人淡，春海棠令人艳，牡丹令人豪，蕉与竹令人韵，秋海棠令人媚；松令人逸，桐令人清，柳令人感。"

原始先人"在马家窑、半山、马厂等类型的彩陶花纹中出现了植物花纹，主要的植物纹有种子形纹、葵花形纹、叶形纹、树纹和荚实纹等"。[2]

变形缠枝莲、缠枝牡丹，从宋代到清代，几乎保持了一致；其突出花头，花大叶小的结构形式也是代代相传。[3]

[1] 曹林娣：《静读园林》，北京大学出版社2005年版，第123页。

[2] 张朋川：《中国彩陶图谱》，文物出版社1990年版，第195页。

[3] 楼庆西：《中国传统建筑装饰》，中国建筑工业出版社1999年版，第177页。

第一节

牡丹纹、荷花纹、贝叶纹、宝相花纹、葵花纹、向日葵纹

一、牡丹纹

牡丹属毛茛科灌木，《本草纲目》载："牡丹，以色丹者为上，虽结子而根上生苗，故谓之牡丹。"牡丹与芍药花形相似而干为木质，又谓之木芍药，古时牡丹、芍药统称芍药，自唐以后始分为二。

唐开元年间，诗人李正封有咏牡丹名句："天香夜染衣，国色朝酣酒。"牡丹获"国色天香"之誉。《本草纲目》称："群芳中以牡丹为第一，故世谓'花王'。"唐诗有"翠雾红云护短墙，豪华端称作花王""竞夸天下无双艳，独立人间第一香。"

周敦颐在《爱莲说》中有"牡丹，花之富贵者也"的名句，国色天香的富贵之花，成为富贵、繁荣昌盛的象征，长期为中国国花，颐和园有"国花台"。

牡丹与芙蓉、牡丹与长春花表示"富贵长春"；牡丹与海棠象征"光耀门庭"；牡丹与桃表示"长寿、富贵和荣誉"；牡丹与水仙是"神仙富贵"的隐语；牡丹与松树、寿石又是"富贵、荣誉与长寿"的象征；牡丹还常与荷花、菊花、梅花等画在一起，象征四季，牡丹代表春天所开的花。

花窗中的牡丹花纹，花瓣往往为如意头纹组合（见图3-1、图3-2），已是牡丹的变体。图3-3花瓣层次较多；图3-4花蕊夸张，如意形花瓣；图3-5以海棠形为花芯，中心上下如意头，左右日纹，图形富于变化。

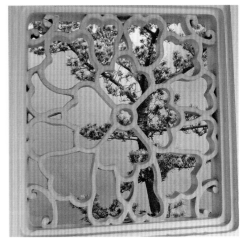

图3-1　牡丹纹（虎丘）　　　　图3-2　牡丹纹（虎丘）

图 3-3　牡丹纹（虎丘）

图 3-4　牡丹纹（虎丘）

图 3-5　牡丹纹（虎丘）

图 3-6　牡丹纹（拙政园）

　　图 3-6～图 3-10 幅面中心都是牡丹，造型相似，不同的是角隅花纹和四周嵌纹。有的四周嵌芝花，四角隅云纹（见图 3-6）；有的嵌如意头纹（见图 3-7）；图 3-8 四角隅嵌海棠纹，四边正中镶蝠纹；图 3-9 牡丹双侧有形似展翅的蝠纹；图 3-10 牡丹上下嵌纹与图 3-9 略异。主题均为富贵、幸福、长寿和称心如意。

　　图 3-11 如意头组成的牡丹花左右嵌如意头纹，上下嵌蔓草，线条柔美。图 3-12 牡丹略呈旋转花状；图 3-13 也为旋转花状，但花芯呈软脚卍字，造型有异。图 3-14 为盛开的牡丹花朵，四角隅及双侧嵌如意头。

　　图 3-15、图 3-16 牡丹纹花蕊都为海棠纹，两图花瓣略呈贝叶形，但镶嵌的如意纹样有异，如意头都嵌在四角隅，大小不同，图 3-16 左右双侧亦嵌如意头纹。狮子林曾为禅寺，贝叶、如意均为佛家所有。图 3-17、图 3-18 都有如意头作镶嵌纹。

第三章 花卉纹

图 3-7　牡丹纹（虎丘）　　图 3-8　牡丹纹（虎丘）

图 3-9　牡丹纹（虎丘）　　图 3-10　牡丹纹（虎丘）

图 3-11　牡丹纹（虎丘）　　图 3-12　牡丹纹（沧浪亭）

图 3-7	图 3-8
图 3-9	图 3-10
图 3-11	图 3-12

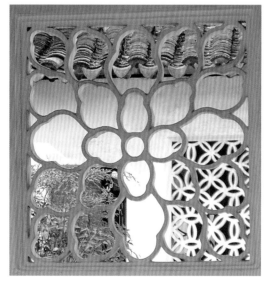

图 3-13　牡丹纹（虎丘）　　　图 3-14　牡丹纹（拙政园）

图 3-15　牡丹纹（狮子林）　　图 3-16　牡丹纹（狮子林）

图 3-17　牡丹纹（狮子林）　　图 3-18　牡丹纹（狮子林）

图 3-13	图 3-14
图 3-15	图 3-16
图 3-17	图 3-18

图 3-19 中心牡丹八瓣花，略呈旋花状，上下嵌如意头纹，四角隅嵌贝叶纹。
图 3-20 和图 3-21 都是佛寺西园的花窗，图式相似，均为如意头纹花瓣，图 3-20
为八瓣花，图 3-21 为六瓣花，且有一重内圈，内外圈中镶塑六只带枝寿桃，寓
意富贵长寿。图 3-22 以四如意头组成菱形花芯，图 3-23 则以六角形（略呈橄榄
纹）为中心。花瓣繁简不同，如意头纹的组合也略有不同。

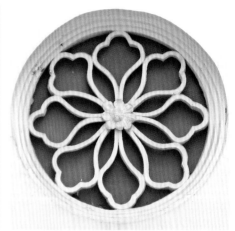

图 3-19	图 3-20
图 3-21	图 3-22
	图 3-23

图 3-19　牡丹纹（狮子林）
图 3-20　牡丹纹（西园）
图 3-21　牡丹纹（西园）
图 3-22　牡丹纹（西园）
图 3-23　牡丹纹（西园）

图 3-24～图 3-26 花芯均用如意纹四花瓣组成，只是整朵花形繁简不同，最大不同在四角隅的图纹。图 3-24 四角隅嵌 m 纹，图 3-25 近似蝶纹，图 3-26 四角隅似双贝叶相对。

图 3-27～图 3-31 五幅牡丹组图都以如意纹为主要元素，但花芯组图各不相同。其中：图 3-27 中心四花瓣以如轮圆心为中心；图 3-28 以四如意头组合成菱形；图 3-29 以四海棠纹组成菱花状；图 3-30 以圆为中心略呈旋花形；图 3-31 以软脚卍字组成旋花形。各图同中有异，造型变化多姿。

图 3-24　牡丹纹（严家花园）

图 3-25　牡丹纹（怡园）

图 3-26　牡丹纹（怡园）

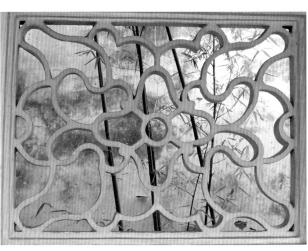

图 3-27　牡丹纹（艺圃）

图 3-28 如意牡丹纹（拙政园）

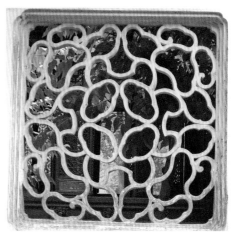

图 3-29 海棠牡丹纹（拙政园）

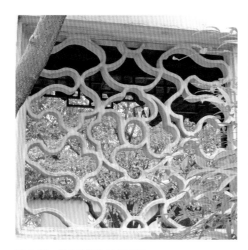

图 3-30 旋花牡丹纹（拙政园）

图 3-31 软脚卍字牡丹纹（拙政园）

二、荷花纹、贝叶纹

1. 荷花纹

　　莲花，别名荷花、水芙蓉、芙蓉、水华、水芸、水旦等。李渔称其具有"可目""可鼻""可口"等"三可"之妙，"无一时一刻，不适耳目之观；无一物一丝，不备家常之用"。[1]

　　荷花在中国具有深邃的文化渊薮，是"三教共赏"之花：莲花崇为花中君子，"凡物先华而后实，独此华实齐生。百节疏通，万窍玲珑，亭亭物华，出于淤泥而不染，花中之君子也"。[2]周敦颐的《爱莲说》将莲"比德"于君子，"予独爱莲

① （清）李渔：《闲情偶寄·芙蕖》。

② （明）王象晋：《群芳谱》卷29。

之出淤泥而不染，濯清涟而不妖"。"夫莲生卑污，而洁白自若；南柔而实坚，居下而有节。孔窍玲珑，纱纶内隐，生于嫩弱，而发为茎叶花实；又复生芽，以续生生之脉。四时可食，令人心欢，可谓灵根矣！"[1]

佛教以淤泥秽土比喻现实世界中的生死烦恼，以莲花比喻清净佛性，西方净土的象征，是孕育灵魂之处，象征"纯洁"。因有"莲经""莲座""莲台""莲宇""莲房""莲衣"等称。

荷花在春秋战国时期就开始用作纹饰，西汉霍光的私家园林中已有五色睡莲池。东汉王延寿《鲁灵光殿赋》描写大殿梁绘有"反植荷蕖"，汉代壁画基顶部不时可见彩绘的荷花；山东武梁祠则有石刻的荷花；汉代漆器的器盖中央，也有荷花纹装饰。

荷花纹花窗在寺庙园林中最多，荷花花瓣纹已经十分写意化。[2]

荷花花窗集中在寺庙（如沧浪亭、狮子林）或寺庙园林（如虎丘、西园）之中（见图3-32）。图3-33的荷花套在方框中，四周及角隅为蔓草、如意头。图3-34是沧浪亭中的著名荷花窗，造型连外框都逼肖一丛荷花，还有莲叶点缀。

虎丘的四孔荷花造型也多变，有用如意头纹组成莲瓣（见图3-35、图3-38），有形似贝叶纹组成莲瓣（见图3-37），四角隅镶嵌的图纹绝不雷同。

西园漏窗荷花纹样各有千秋，莲瓣组成花的主体，中心图案及角隅镶嵌不同，有的角隅莲瓣形似鱼纹（见图3-39），有的角隅嵌葫芦纹（见图3-40），有的则如人字纹（见图3-41、图3-42）。图3-43和图3-44均以海棠纹为花芯、如意头纹组成荷瓣，但两者外框一为海棠纹，一为方框，花的组合及镶嵌也不同，图3-44四角隅嵌荷瓣。

透风漏月——花窗

[1]（明）李时珍：《本草纲目》。
[2] 详参曹林娣：《静读园林·六月花神是荷莲》，第163页。

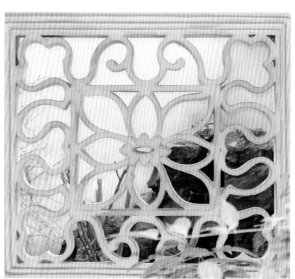

图3-32　荷花（西园）　　　图3-33　荷花（沧浪亭）

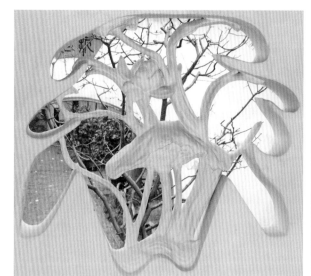

图 3-34 荷花（沧浪亭）　　图 3-35 荷花（虎丘）

图 3-36 荷花（虎丘）　　图 3-37 荷花（虎丘）

图 3-38 荷花（虎丘）　　图 3-39 荷花（西园）

图 3-40 荷花（西园）

图 3-34	图 3-35
	图 3-36
图 3-37	图 3-38
图 3-39	图 3-40

图 3-41　荷花（西园）　　　　　　图 3-42　荷花（西园）

图 3-43　荷花（西园）　　　　　　图 3-44　荷花（西园）

2. 贝叶纹

　　贝叶，即贝多罗叶。贝多罗，梵语 pattra，为"叶"的音译，属棕榈科的一种热带性植物。产地主要以印度、锡兰、缅甸、中国西南地区为多。叶子长且质地稠密，可供书写经文记载，略称为贝多或贝叶。《周蔼联竺纪游》卷二第十四页称："贝叶是大西天一种树叶，光洁可书。"

在古印度，佛教的弘传在纸张尚未发明前，人们将圣人的事迹及思想用铁笔记录在象征光明的贝多罗上；而佛教徒也将最圣洁、最有智慧的经文刻写在贝多罗叶上，佛经见诸文字是在佛陀入灭后 150 年。由于最初的佛经是刻写在贝多罗叶上的，故称为贝叶经。贝叶既然是佛教弘传上最原始的记录媒体，因此，人们认为它具有消灾辟邪、保平安的吉祥含义。

贝叶纹花窗多与其他图案组合在一起，或与卍字纹、海棠纹（见图 3-45）组合；或宝瓶居中，周以四贝叶纹（见图 3-46），图 3-47 以贝叶纹围合成花状，四角隅嵌如意头纹，以蔓草如意纹相连接。

图 3-45　贝叶纹（狮子林）
图 3-46　贝叶纹（虎丘）
图 3-47　贝叶纹（西园）

图 3-45	图 3-46
图 3-47	

三、宝相花纹

宝相花，又称"宝仙花""宝花花"。是东汉佛教传入中国以后形成的装饰纹样，常用于佛教建筑的图案和符号。"宝相"原是一种蔷薇花的名称，以牡丹、莲花为主体，中间镶嵌着形状不同、大小粗细有别的其他花叶。尤其在花芯和花瓣基部，用圆珠作规则排列，像闪闪发光的宝珠，加以多层次退晕色，显得富丽、珍贵，故名"宝相花"。由于宝相花既有佛教纯洁、清净和庄严的含义，又寓有"宝""仙"之意，并因其杂糅牡丹、荷花、菊花、蔷薇等花的特征，所以还有中国传统的吉祥富贵含义。宝相花在唐代就得到了广泛运用。明代，宝相花成为旋子画的主要摹本，开始用于宫殿彩画，这与宝相花的象征意义有很大关系。《营造法式》说，海石榴花，宝牙花与宝相花无明显区别，"谓皆卷叶者牡丹花之类同"，可见只是不同的变式而已。

本书将苏州园林花窗中镶嵌多贝叶纹、如意头纹、荷瓣纹、花朵硕大丰满者列入宝相花的变式一类，它们似牡丹（见图 3-48、图 3-49）、似千叶荷花（见图 3-50、图 3-51）、似蔷薇花，又与见诸寺院的宝相花造型也不尽相同。它们的花蕊有海棠纹（见图 3-48、图 3-49）、圆形（见图 3-50、图 3-55）、菱花形（见图 3-51）、荷瓣（见图 3-52）、橄榄纹形（见图 3-54）等。

图 3-48　宝相花纹（西园）　　　　图 3-49　宝相花纹（沧浪亭）

图 3-50　宝相花纹（西园）　　　　图 3-51　宝相花纹（西园）

图 3-48 ｜ 图 3-49

图 3-50 ｜ 图 3-51

图 3-52　宝相花纹（西园）

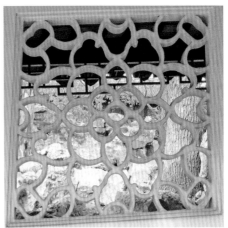

图 3-53　宝相花纹（西园）

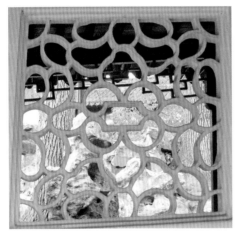

图 3-54　宝相花纹（西园）

图 3-55　宝相花纹（西园）

四、葵花纹、向日葵纹

1. 葵花纹

葵是我国古代一种重要的蔬菜植物，习称为葵菜。又以生长时期不同，分别叫作春葵、秋葵和冬葵。属于锦葵科植物。《诗经·风》有"七月烹葵及菽"。《淮南子》曰："圣人之于道，犹葵之与日。"《说文解字》载："黄葵常倾叶向日，不令照其根。"茎直立，从下到上，都生叶片，叶片向日倾斜，影子便照到地面，遮住茎的基部，曹植也说："若葵藿之倾叶，太阳虽不为之回光，然向之者诚也。"

葵花向日而倾乃是后起之意。杜甫诗"葵藿倾太阳，物性固莫夺"，唐戴叔伦"花开能向日"[①]。

① （唐）戴叔伦：《叹葵花》。

装饰上的葵花纹是由拟日纹演化而来的，实际上是一种变体的旋涡状花卉，有的似乎已完全脱离了自然的花卉原形，呈现的是符号化的抽象的花瓣造型。[①] 形式多为中央一朵莲荷或由如意纹组成的花芯，四周围一圈旋涡纹，成为一种旋子花纹，一种抽象的几何纹样。或许因沿袭"葵式"称呼，后人逐渐糅进了葵花某些特征，成为一种集成的葵式花纹。

图 3-56~图 3-58 中心均有象征日纹的圆心，中有曲线光影，花瓣虽然都呈如意头纹，但繁简组合不同。

图 3-59~图 3-63 都有圆心拟日纹，有的花纹呈旋转式（见图 3-60、图 3-61），角隅嵌纹富于变化，图 3-59 的如意头在四角隅组成四瓣海棠花；图 3-60 为四角隅如意头纹；图 3-61 四角隅似展翅蝙蝠纹围旋花；图 3-62 围着旋花的形似云纹；图 3-63 海棠纹围旋花。图 3-64 四角如意头纹，中间为十字穿日纹。

图 3-65~图 3-69 中花芯都呈多角几何图形，有八角（见图 3-65~图 3-67）、五角（见图 3-68）、七角（见图 3-69），角隅镶嵌以如意头纹为多，但也有似带旋涡的火焰纹（见图 3-69）。

图 3-70 以象征太阳的软脚卍字为中心，嵌以如意头纹组成的花瓣，用简单的曲线撑住四角。图 3-71 和图 3-72 比较简洁，一是旋花套方嵌拟日圆纹（见图 3-71），一是以对角线组成十字穿上小秒两如意头组花，嵌如意芝花叶（见图 3-72）。图 3-73 四角如意花瓣，中间四海棠围十；图 3-74 花芯如十字轮；图 3-75 如意云纹套方，方内四如意头花，中心为十字纹，十字象征静止的太阳。变化多端。

[①] 参见黄能馥《中国历代装饰纹样》（第四册），中国旅游出版社，1999 年，第 70 页。

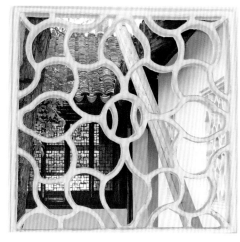

图 3-56　葵式花纹（沧浪亭）

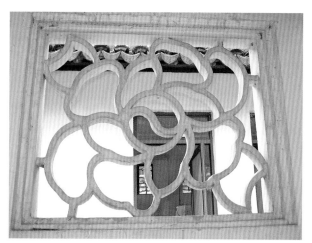

图 3-57　葵式花纹（虎丘）

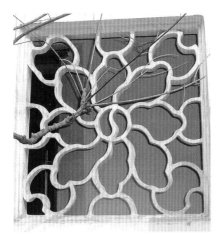
图 3-58 葵式花纹（狮子林）

图 3-59 葵式花纹（沧浪亭）

图 3-60 葵式花纹（虎丘）

图 3-61 葵式花纹（西园）

图 3-62 葵式花纹（拙政园）

图 3-63 葵式花纹（拙政园）

图 3-64	图 3-65
图 3-66	图 3-67
图 3-68	图 3-69

072

透风漏月——花窗

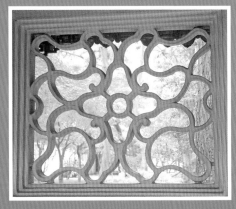

图 3-70　葵式花纹（西园）　　　图 3-71　葵式花纹（西园）

图 3-72　葵式花纹（西园）　　　图 3-73　葵式花纹（艺圃）

图 3-74　葵式花纹（拙政园）　　图 3-75　葵式花纹（拙政园）

图 3-70	图 3-71
图 3-72	图 3-73
图 3-74	图 3-75

2. 向日葵纹

"向日葵"，一名西番葵，亦称"丈菊""西番菊"，六月开花，花黄色，每于顶上只一花，黄瓣大芯。其形如盘，随太阳回转：如日东升则花朝东，日中天则花直朝上，日西沉则花朝西。原产美洲，1510年才输入西班牙，王象晋成书于1621年的《群芳谱》，附录一则《西番葵》，谓之迎阳花；向日葵之名最早见陈淏子1688年著的《花镜》一书。向日葵属菊科，"更无柳絮因风起，惟有葵花向日倾"，向日葵是向往光明之花，给人带来美好希望之花，也象征向往渴慕之忱。向日葵在传入中国以前，有关葵的种种古代的故事和出典，都与向日葵没有关系。

花窗中的向日葵纹与葵花式有时很难区分。向日葵纹以大圆盘及布于圆盘周围的花叶为特征，区别在于外形及嵌纹。图3-76中心圆形如轮，外为大圆盘；图3-77外形为圆盘如葵；图3-78四角隅嵌n形纹；图3-79中心如盘四角隅嵌如意头纹，四边中心以双如意头纹点缀；图3-80、图3-81四角隅蝙蝠纹，中心如圆轮。

图3-82～图3-85中心都以葵花圆盘为核心，或嵌如意头纹，图3-85为夔纹套六角纹。

图3-86和图3-87中心为软脚卍字纹，图3-87角隅嵌荷瓣，图3-88以大葵花盘和四边葵叶为中心，四角隅各嵌进一个小葵花盘，分外别致。

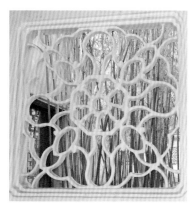

图 3-76 向日葵式（沧浪亭）
图 3-77 向日葵式（网师园）
图 3-78 向日葵式（留园）

| 图 3-76 | 图 3-77 |
| 图 3-78 | |

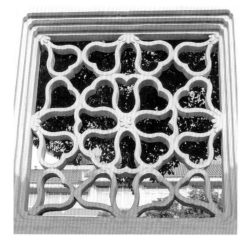

图 3-79 向日葵式（怡园）

图 3-80 向日葵式（拙政园）

图 3-81 向日葵式（拙政园）

图 3-82 向日葵式（虎丘）

图 3-83 向日葵式（留园）

图 3-84 向日葵式（严家花园）

图 3-85　向日葵式（退思园）

图 3-86　向日葵式（虎丘）

图 3-87　向日葵式（虎丘）

图 3-88　向日葵式（拙政园）

第二节

海棠花纹、梅花纹、栀子花纹、橄榄纹、蔓草

一、海棠花纹

　　海棠有多种品种，著名的有西府海棠、垂丝海棠、贴梗海棠等，原产我国。有人怀疑海棠的"国籍"，以为"花名中之带海者，悉从海外来"①，实际上并无根据。

① （唐）段成式：《酉阳杂俎》，引用李德裕《平泉山居草木记》。

海棠有"花贵妃""花尊贵"之美称。海棠花窈窕春风前,"占春颜色最风流",成为春天的象征。

海棠的"棠"和"堂"谐音,寓意阖家美满幸福。海棠常与玉兰、牡丹、桂花相配植,形成"玉棠富贵"的吉祥意境。①

海棠纹花窗与其他图案组合,如梅花纹、夔纹、如意头纹、贝叶纹、文字纹、卍字、方胜等,丰富了海棠的吉祥含义。有的花窗是海棠形外框,框内为海棠花枝,纹样优雅可人。

1. 海棠纹

海棠纹在漏窗组图中所置位置不同,构成千姿百态的画面:有十字套方中心大海棠、四角隅嵌小海棠、四边中心嵌如意头(见图3-89)。图3-90与之相似,但四角隅嵌半圆。图3-91和图3-92都以海棠纹作外框,但框内造型一为海棠如意头纹(见图3-91),一为海棠枝叶(见图3-92),图3-93则为六角形外框套长方,嵌海棠纹。

① 参曹林娣:《静读园林·幽姿
　淑态弄春晴》,第155页。

图3-89　海棠纹(沧浪亭)

图3-90　海棠纹(沧浪亭)

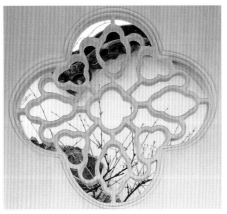

图3-91　海棠纹(沧浪亭)

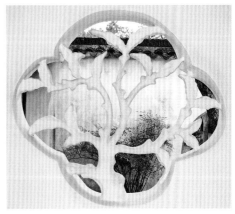

图3-92　海棠纹(沧浪亭)

海棠纹组图灵活，造型简便，有的组图以海棠纹为中心，四周嵌上如意头纹（见图3-94、图3-95），或四角卍字纹（见图3-97）、夔纹（见图3-99），图3-96海棠花纹布满幅面，一片烂漫；图3-98以十字为中心，在平行线上下各有三海棠纹。

图 3-98　海棠纹（沧浪亭）　　　　　　　　　图 3-99　海棠纹（沧浪亭）

　　图 3-100 ~ 图 3-104 均为寒山寺花窗，共同之处在于均以"佛"字为海棠纹的核心组图。其中：图 3-100 四角隅嵌类蝶纹；图 3-101 以卍字纹围海棠构图，四边中心缀以如意头纹；图 3-102 上下双蝶纹，左右类蝠纹，组成"福寿"围海棠；图 3-103 四边中心缀蝶纹，四角隅嵌菱形；图 3-104 四海棠分列，中心十字穿海棠捧"佛"。

　　图 3-105 和图 3-106 都以海棠纹为中心构图，四角隅嵌纹亦相类似，但图 3-105 四边中心嵌如意头纹，海棠纹周围嵌纹似荷瓣，造型不同。图 3-107 四海棠纹，图 3-108 中心海棠纹嵌四葫芦纹，四角隅类蝶纹；图 3-109 和图 3-110 均以海棠纹居中，四海棠纹分居上下，不同之处在于角隅线条的位置及弯曲度，左右两边的嵌纹亦稍异。

图 3-100　海棠纹（寒山寺）　　　　　　　　　图 3-101　海棠纹（寒山寺）

图 3-102 海棠纹（寒山寺）

图 3-103 海棠纹（寒山寺）

图 3-104 海棠纹（寒山寺）

图 3-105 海棠纹（虎丘）

图 3-106 海棠纹（虎丘）

图 3-107 海棠纹（虎丘）

图 3-108 海棠纹（虎丘）

图 3-109 海棠纹（虎丘）

图 3-110 海棠纹（虎丘）

图 3-111 海棠纹（虎丘）

　　图 3-111 和图 3-112 都以海棠纹为中心，辅以四海棠纹，图 3-111 四边中心饰菱形，图 3-112 则饰以变形蝠纹，四角隅亦嵌有饰纹。图 3-113 和图 3-115 都是满幅海棠纹，因一为扁方，一为正方，故海棠纹多寡不一，显出因窗而异的匠心。图 3-114 以斗方套海棠为中心，四角隅嵌海棠纹，四边中心饰以如意头纹。

　　图 3-116 以海棠纹为中心，变化在四角隅的兀形纹和四边中心的纹饰上，上下是以芝花为身的蝠纹，左右亦似蝠纹；图 3-117 四角隅嵌菱形蝠纹，以海棠为中心的线条向四方呈辐射状，构图别致。图 3-118 以四如意云头纹为角隅，左右饰以蝠纹。图 3-119 五海棠均匀分置中心及四角隅，以四菱形顶边，画面简洁。图 3-120 外框为八边形，四鹅子顶四边，卍字纹围海棠，幅面纹样复杂，但对称有序。

　　图 3-121 斗方套海棠，四角隅形似简化鱼纹；图 3-122 扁方套海棠纹，好似展翅蝠纹，左右各以两如意头相背呈蝶纹样。图 3-123 斗方套海棠，方内四蝠纹围海棠，四角隅夔纹套菱形。图 3-124 以海棠纹为中心，四角隅为钉状大圆顶上下大小两半圆，四边中心以如意头为中心向左右舒卷，状如蝠纹。

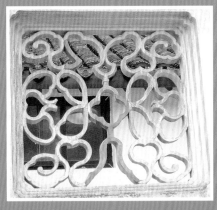

图 3-112　海棠纹（虎丘）　　　图 3-113　海棠纹（虎丘）

图 3-114　海棠纹（虎丘）　　　图 3-115　海棠纹（环秀山庄）

图 3-116　海棠纹（环秀山庄）　图 3-117　海棠蝠纹（留园）

图 3-118　海棠如意云纹（耦园）　图 3-119　海棠纹（狮子林）

图 3-112	图 3-113
图 3-114	图 3-115
图 3-116	图 3-117
图 3-118	图 3-119

第
三
章

花
卉
纹

图 3-120　八角海棠纹（狮子林）
图 3-121　斗方套海棠纹（网师园）
图 3-122　长方套海棠纹（网师园）
图 3-123　斗方套海棠纹（网师园）
图 3-124　海棠纹（西园）

图 3-120	
图 3-121	图 3-122
图 3-123	图 3-124

图 3-125 四海棠围菱形，四角隅嵌菱形，简洁大方。图 3-126 四葫芦围海棠，四角隅如意头，有子孙兴旺、称心如意之寓意。图 3-127 四海棠围菱形，四菱形嵌四角隅。图 3-128 大小如意头纹围海棠，幅面纹样繁而有序。

图 3-129 斗方套有蕊海棠，四角隅嵌有蕊海棠纹，满幅海棠，大小嵌饰，美观大方。图 3-130 中心海棠上下葫芦纹，左右如意头，四角隅如意头，巧妙借资，形如四蝠纹围海棠，寓全家幸福之意。图 3-131 海棠纹居中，周围套以盘长，四角隅方头如意。图 3-132 中心如意头纹海棠，四角隅如意双贝叶，带有佛佑的吉祥意义。

图 3-125 海棠纹（严家花园）

图 3-126 海棠如意头纹（严家花园）

图 3-127 海棠纹（怡园）

图 3-128 海棠纹（怡园）

图 3-129 斗方套海棠纹（怡园）

图 3-130 海棠纹（艺圃）

图 3-131 盘长纹套海棠（艺圃）

图 3-132 贝叶如意头形海棠（拙政园）

　　图 3-133 斗方套海棠纹，四角隅及双侧均嵌海棠纹，上嵌祥云纹；图 3-134 海棠和菱形纹，幅面较宽，海棠纹以中横三个、上下各两个排列，略有变化。图 3-135 斗方套中心海棠纹，四角嵌海棠纹，斗方尖角顶如意头纹。图 3-136 四海棠分踞四边中心，四角隅以鹅子纹为中心与其他图纹相连。

　　图 3-137 以海棠纹为中心，外饰四荷花瓣纹，左右似展翅的蝠纹变形，上下大小两如意头纹，上下两片芝叶连接中心构图，使中心画面似蝶纹，有合堂幸福、如意、长寿等意。图 3-138 以海棠纹为中心，上下顶嵌如意头纹，左右对称似如意云纹。图 3-139 造型别致，上下各四海棠，左右两海棠围着冰裂纹样的椭圆形鸟巢。图 3-140 云纹如意结围海棠纹，四角隅嵌如意头纹，寓家庭如意、吉祥之意。

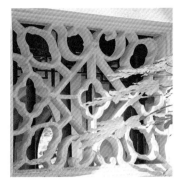

图 3-133 斗方套海棠纹（拙政园）	图 3-134 海棠纹（拙政园）	图 3-133	图 3-134
图 3-135 斗方海棠纹（拙政园）	图 3-136 海棠纹围鹅子纹（拙政园）	图 3-135	图 3-136
图 3-137 海棠纹（拙政园）	图 3-138 海棠如意云纹（拙政园）	图 3-137	图 3-138
图 3-139 海棠围冰纹鸟巢（拙政园）	图 3-140 云纹如意围海棠纹（拙政园）	图 3-139	图 3-140

2. 如意海棠纹

花瓣都用如意头纹组成如意海棠样，实际上已经完全脱离了植物学上的海棠原型，成为一种理想的吉祥图案。

图 3-141 以海棠纹为中心，上下左右四角隅均以如意头纹镶嵌，寓合家称心如意之意。图 3-142 比较复杂，中心为如意头海棠纹组图，左右如意头纹嵌以鱼形纹，上小秒蝠纹，四角隅为蝠纹，寓幸福如意、富贵有余等意。图 3-143 以海棠为中心，四如意云头相嵌，四角隅嵌蝠纹如意。图 3-144 以如意头海棠为中心，上下左右全嵌以如意头纹，且线条相连，十分巧妙。

图 3-145 中心为如意云纹花瓣，四角隅及上下左右都嵌如意头纹，饰以祥云纹。图 3-146 形似十字穿海棠，饰以如意云纹。图 3-147 以如意云纹嵌四角隅，中心四如意头分列四方，中间嵌金锭纹。图 3-148 四方套如意海棠，周围分嵌海棠纹，四角隅嵌如意云纹。

图 3-141　如意海棠（虎丘）

图 3-142　如意海棠（网师园）

图 3-143　如意海棠蝠纹（西园）

图 3-144　如意海棠（怡园）

图 3-145　如意云纹海棠（怡园）

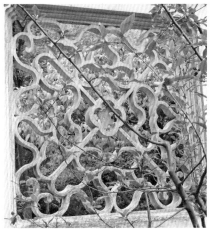

图 3-146　如意海棠（拙政园）

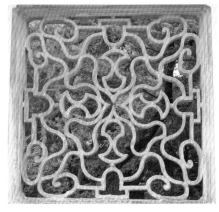

图 3-147　如意海棠（拙政园）

图 3-148　四方套如意海棠（拙政园）

　　图 3-149 中心为如意海棠纹，上下嵌如意头结，四角隅镶蝶纹，图 3-150 如意头纹围海棠，四角隅镶嵌似蝶纹。图 3-151 四方套如意云纹海棠，四周及角隅嵌如意头。都寓合家幸福、如意等意。图 3-152 外框为海棠纹形，四角状如意头纹，中心六角形围以不规则纹，左右边似蝠纹。

图 3-149　如意海棠（拙政园）

图 3-150　如意海棠（拙政园）

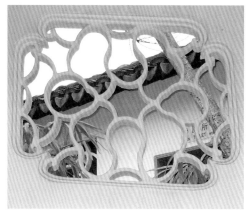

图 3-151　四方套如意云头海棠（退思园）　　　　图 3-152　海棠框纹（沧浪亭）

二、梅花纹

　　梅花凌寒留香，又称报春花。梅花清雅俊逸，花形美丽而不妖艳，其花味清韵芳香，与牡丹并为我国国花。梅花神清骨爽、娴静优雅，与遗世独立的隐士姿态颇为相契，文人将植梅看作陶情励操之举或归田守志之行。古人赋予梅花"四德"：初生为元，开花如亨，结子为利，成熟为贞。梅与松竹合称"岁寒三友"，梅与兰竹菊称"四君子"。

　　梅花花开五瓣，人称"梅开五福"，象征快乐、幸福、长寿、顺利与和平，又合中国的阴阳"五行"金木水火土，在晋代已经成为幸福吉祥的象征。古有"青梅竹马"之称，梅美比喻妻子，竹有节比喻丈夫；又用"竹梅双喜"贺新婚。

　　梅花纹漏窗大多和牡丹纹、如意等组合成五福、富贵、如意等寓意。

　　图 3-153 是梅花盆景塑窗，梅枝斜曲，姿态可人。图 3-154 四角隅为梅花，中心牡丹纹，上下左右嵌云雷纹，寓意五福及富贵。图 3-155 梅花纹踞中，周以如意头纹，亦寓五福如意之意。

图 3-153　梅花塑窗（畅园）

图 3-156 是个不规则曲线形外框，以梅花为中心，饰以各种抽象线条，似如意头纹、金鱼纹、鱼纹等，均在似与不似之间。图 3-157 梅花踞中，四角隅嵌蝴蝶纹，上下左右均饰如意纹头。图 3-158 中心梅花上为葫芦纹，下为如意头纹左右亦为如意头纹，四角隅似云纹线条。图 3-159 四梅花分列四方，中心为芝草纹套圆。均寓五福、长寿之意。

图3-154	图3-155
图3-156	图3-157
图3-158	图3-159

图 3-154
梅花捧牡丹纹（虎丘）

图 3-155
如意捧梅花纹（虎丘）

图 3-156
梅花纹（沧浪亭）

图 3-157
四蝶捧梅花纹（网师园）

图 3-158
梅花纹（西园）

图 3-159
梅花纹（拙政园）

三、栀子花纹

栀子，属常绿灌木或小乔木，枝丛生，花六瓣，花大色白，芳香浓郁，"色
疑琼树倚，香似玉京来"①"何如炎炎天，挺此冰雪姿"②。冰清玉洁的栀子花象
征着心地的真诚与高洁。栀子花一名同心花，象征夫妇同心，家庭幸福。

图 3-160 中心栀子花纹，花瓣由如意头和葫芦纹组成，四角隅嵌蝠纹，十分
巧妙，亦都在似与不似之间。图 3-161 外框形略似栀子纹，框内六花瓣，有状似
如意头纹、贝叶纹，中心为海棠纹等。图 3-162 外框也为不规则纹，中心六瓣花
形如栀子花，镶以贝叶纹、如意头纹不等。图 3-163 栀子形框纹在六角框内，形
似荷花瓣纹、如意头纹等。

图 3-164 扁方套栀子纹，方内四角嵌贝叶纹，框上下左右嵌如意头云雷纹。

图 3-165 栀子形六花瓣都似由如意头纹组成，中心组图如盘长，嵌
两枝万年青，寓吉祥如意、万年长青等意。图 3-166、图 3-167 为
变形的栀子纹，图 3-166 形似龟纹套六平角纹，围以曲线纹组图，

① （唐）刘禹锡：《咏栀子花》。

② （明）黄朝荐：《咏栀子花》。

图 3-160　栀子花蝠纹（沧浪亭）

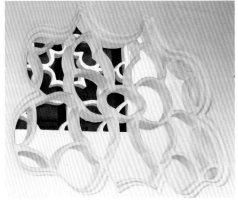
图 3-161　栀子花（沧浪亭）

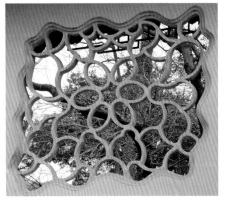
图 3-162　栀子花（沧浪亭）

图 3-163　栀子形框纹（沧浪亭）

图 3-164　扁方套栀子花纹（拙政园）

图 3-165　栀子花纹（拙政园）

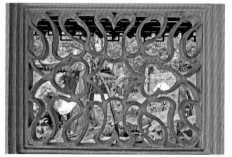

图 3-166　变形栀子花纹（拙政园）

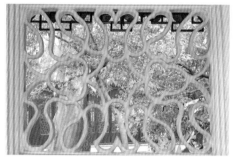

图 3-167　变形栀子花纹（拙政园）

组合巧妙。图 3-167 中心为六角纹，左右两角顶如意头纹、上下也顶两如意头纹，四角及周边以曲线云纹组图，幅面均衡。

四、橄榄纹

　　橄榄，果呈椭圆、卵圆、纺锤形等，原产海南岛，栽培历史长达 2000 年。由于它的果实从幼到成熟，总是呈青绿色，故俗名青果。入口味苦涩而酸，然后久嚼，回味却清甜生津，龈颊留香。人们把它比喻为"苦尽甘来"的典型而被称为"谏果"，南方一带还称它"回味橄榄"。元代洪希文有《尝新橄榄》诗："橄榄如佳士，外圆内实刚。为味苦甘涩，其气清以芳。侑酒解酒毒，投茶助茶香。得盐即回味，消食尤其方。"

　　我国橄榄树与欧洲橄榄树形状相同，但实为两种不同植物。欧洲的橄榄属木樨科，我国橄榄属橄榄科。联合国旗帜上用两枝橄榄枝衬托着整个地球作为标徽，是世界和平的象征。

　　图 3-168 ～图 3-170 均为单纯的橄榄纹，根据窗型大小、宽窄的不同进行繁简组合。图 3-171、图 3-172 为组合型橄榄纹，图 3-171 为横向橄榄，图案相套。图 3-172 亦为大龟背纹相套呈斜纹橄榄纹。图 3-173 正中橄榄纹左右海棠纹，上下似展翅蝠纹，处在似与不似之间。寓合家幸福、吉祥之意。

第三章　花卉纹

图 3-168　橄榄纹（留园）　　　图 3-169　橄榄纹（怡园）

图 3-170　橄榄纹（艺圃）　　　图 3-171　橄榄纹（环秀山庄）

图 3-172　橄榄纹（环秀山庄）　图 3-173　橄榄纹（西园）

图 3-168	图 3-169
图 3-170	图 3-171
图 3-172	图 3-173

五、蔓草

图 3-174　卷草（留园）

蔓草，又叫吉祥草、玉带草、观音草等。自唐代开始使用变化多端的"卷草纹饰"，云头形的上、中、下三个停顿与如卷草状的一波三折的曲线，构成了如意形的全部。改造融摄了莲花、忍冬、菩提以及华盖、法轮、缨络等佛教纹样，其旋绕盘曲的似是而非的花叶枝蔓，又得汉纹饰祥云之神气，既具曲线缭绕的空灵，又有流转的韵律，且保持婉柔敦厚的静谧，表现了人们对曲折、空灵、回转、停顿等审美特征的追求。蔓草纹是中华民族创造性吸纳外来宗教而成的一种装饰纹样。

"蔓"谐音"万"，蔓草形状如带，"带"又谐音"代"，蔓草由蔓延生长的形态和谐音引申出"万代"寓意，如意状卷饰象征"如意"愿望，与牡丹在一起谓富贵万代、称心如意（图 3-174）。

第三节

石榴、葡萄、葫芦、桃、芝花、柿蒂纹、红叶、菱花

一、石榴、葡萄、葫芦

1. 石榴

石榴，又名安石榴、海石榴、金罂、沃丹、丹若等，具色、香、味之佳。石榴与佛教一起从中西亚流传到中国，是佛教的四大圣树之一。"何年安石国，万里贡榴花"[①]，《可兰经》里称石榴为"天堂水果"，古波斯人称石榴为"太阳的圣树"，亚述王国视石榴树为不朽的生命之树，石榴是祭祀圣果。红石榴为佛徒七宝之一，是可除魔障的吉祥果，菩萨手持石榴枝象征平安神、夫妻恩爱神。石榴在希腊神话中称为"忘忧果"；石榴花为"榴

① （唐）元稹：《感石榴二十韵》。

火""榴锦""榴霞"，是繁荣的象征，是"丰饶神"之一；石榴也是爱情的象征树，"石榴裙"成为女性的代名词。

在民俗文化中，"千房同膜，十子如一"的石榴，为多子的象征，"榴开百子"，意谓"百子同室"，也即百子同在一家族之内。同室亦名百室，《诗周颂良耜》："其比如栉，以开百室"。《笺》："百室，一族也。"

2. 葡萄

葡萄原产于黑海和地中海沿岸一带，在我国有 2000 年栽培史。葡萄为落叶大藤本，枝蔓具分叉卷须，与叶对生，圆卵形，浆果圆形或椭圆形，成串下垂，果粒晶莹明亮，如珠似玉，色泽艳丽，绿、红、紫或黄绿不一。葡萄中含有碳水化合物、配糖类、有机酸、矿物质、含氮有机物、生物催化剂等。葡萄汁被科学家们誉为"植物奶"。

在西方的传说中，葡萄树的根是神品，是乐善好施的神奥西里斯（Osiris），他是古埃及神话中的冥王，也是植物、农业和丰饶之神。奥西里斯把葡萄带到人间来的。在民俗文化中，葡萄象征着丰收，累累果粒象征着子孙兴旺。

海棠形外框内塑葡萄和藤蔓成窗芯（见图 3-176），象征万代长青，后嗣兴旺；或者将葡萄嵌在夔纹如意结中图纹中（见图 3-177），象征称心如意，子孙满堂。

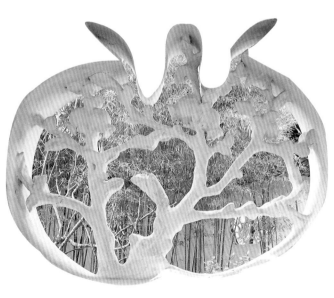
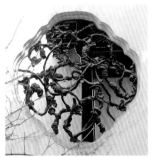

图 3-175　外框为石榴纹（沧浪亭）
图 3-176　葡萄藤蔓（狮子林）
图 3-177　嵌葡萄（耦园）

图 3-175
图 3-176
图 3-177

3. 葫芦

在中华创世神话中，葫芦是天地的微缩，与混沌、元气、鸡卵、葫芦、肉蛋、人体等同质异构。葫芦是远古人类生存、救生的重要工具，相当于西方的诺亚方舟，因此是新生的象征。

许多民族视葫芦为女性的象征，有的直接视为女阴象征，圆形，内部多子。葫芦为藤本植物，藤蔓绵延，结实累累，籽粒繁多，中国人视作象征子孙繁盛的吉祥植物。枝"蔓"与"万"谐音，寓意万代绵长。民俗又以为"葫芦"与"福禄"谐音，故以为大吉祥。

图3-178海棠纹外框，内葫芦藤上挂满葫芦，中间嵌毛笔，"笔"与"必"谐音，有"必定"之意，强调万代长青和福禄主题。

古代结婚的"合卺"礼仪，指的是将一只葫芦瓜剖分为二瓢，新郎新娘各执一瓢相互用酒为对方漱口，这种象征和合的行为就叫合卺。后代将原有的合卺礼演变为喝交杯酒。宋代孟元老《东京梦华录·娶妇》中记载当时婚俗说："用两盏以彩连结之，互饮一盏，谓之交杯酒。"

图3-179四角隅嵌葫芦，顶着芝花叶，中心组图上下左右亦四葫芦，寓福禄长寿、子孙兴旺等意。

图3-180葫芦漏窗内嵌如意云纹，图3-181如意头纹内嵌塑葫芦纹，寓福禄绵绵、长寿等意。图3-182葫芦窗纹内嵌栀子花。

葫芦象征着方外世界。神话中将海中三神山称为"三壶"：东晋王嘉撰，南朝梁萧绮整理《拾遗记》载："海上有三山，其形如壶，方丈曰方壶，蓬莱曰蓬壶，瀛洲曰瀛壶。"成为仙境模式。道教中的"壶"，不仅盛满仙药，而且还是方外世界的意象，《后汉书·方术传下·费长房》载："费长房者，汝南（今河南省平舆县射桥

图3-178　笔葫芦藤茎（狮子林）

图3-179　四葫芦纹（严家花园）

图 3-180　葫芦如意云纹（退思园）　　　图 3-181　如意头嵌葫芦（耦园）

图 3-182　栀子花葫芦纹（环秀山庄）　　　图 3-183　葫芦纹（虎丘）

镇古城村）人，曾为市掾。市中有老翁卖药，悬一壶于肆头，及市罢，辄跳入壶中，市人莫之见，唯长房于楼上睹之，异焉。因往再拜，奉酒脯。翁知长房之意其神也，谓之曰：'可更来！'长房旦日复诣翁，翁乃与俱入壶中。唯见玉堂华丽，旨酒甘肴盈衍其中，其饮毕而出。翁约不听与人言之，复乃就楼上候长房曰：'我神仙之人，以过见责，今事毕当去，子宁能相随乎？楼下有少酒，与卿为别……'长房遂欲求道，随从入深山，翁扶之曰：'子可教也，遂可医疗众疾。'"

道教从风水场气分析，葫芦"S"外形似太极阴阳分界线，有逢凶化煞、擒妖捉怪的神奇功能，民俗传统认为葫芦吉祥而避邪气。现代气功测试证明，葫芦有隔绝气场功能。

葫芦上缠绕着兰花，象征着友谊。

二、桃、芝花

1. 桃

古人认为桃有驱鬼辟邪的作用，因而有桃符、桃人、桃汤、桃木剑等。《山海经》记载："东海度朔山有大桃树，蟠屈三千里，其卑枝门东北曰鬼门，万鬼出入也。有二神：一曰神荼，一曰郁垒，主阅领众鬼之害人者。于是黄帝法而象之，驱除毕，因立桃板于门户上，画郁垒以御凶鬼，此则桃板之制也。"

又据《淮南子》记载的传说，后羿是被桃木杖杀而死的，所以，鬼怕桃木，因此，人们挂薄木板于门，上画神像，下画二神，或写上春词和祝祷之语，这就是王安石"总把新桃换旧符"诗句的来历，五代后蜀时开始，在桃板上书写对联，即延之今日的春联。南朝梁宗懔《荆楚岁时记·正月》："进椒柏酒，饮桃汤……造桃板著户，谓之仙木。"

桃在神仙世界中，有仙桃、寿桃之称。《神农经》："玉桃服之长生不死。若不得早服之，临死服之，其尸毕天地不朽。"寿桃之桃，为西王母的蟠桃，传说西王母瑶池所种蟠桃为桃中之最。蟠桃三千年一开花、三千年一结实，食一枚可增寿六百年。相传汉之东方朔曾三次偷食此桃，汉武帝曾得西王母赠此蟠桃四颗。

花窗中塑桃树，枝上结满桃子（见图 3-184、图 3-185、图 3-187），有的花窗外框就为桃子的形状，近乎写实图（见图 3-186、图 3-188），象征着辟邪和长寿。

图 3-184	图 3-185
图 3-186	

图 3-184 桃纹（狮子林）
图 3-185 桃纹（狮子林）
图 3-186 桃纹（狮子林）

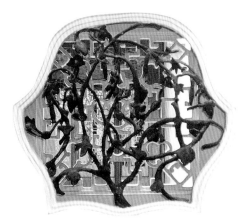
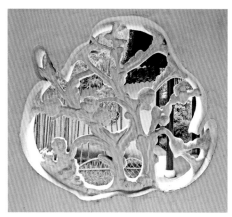

图 3-187　桃纹（狮子林）　　　　　　　　　图 3-188　桃纹（沧浪亭）

2. 芝花

芝花在中国古代神话中就是不死之药，是神木灵草，"一年三花，食之令人长生"①。更是道教的"仙丹妙药"。相传兰陵有位萧逸人，有一天挖地挖到一件类似人手、肉肥、颜色微红的物品，煮熟后，味道鲜美，他吃了以后，感到耳聪目明，体力日壮，容貌也越来越年轻。后来，有一道士见到他，惊叹道："先生曾食过仙药吗？先生现在可以与龟鹤齐寿了!"这时候，他才知道吃的是灵芝。

传说"王者有德行者，则芝草生"，因此，宫廷有灵芝则皇帝万岁、国泰民安、风调雨顺、永持朝政。

道教盛行时，又以灵芝、祥云象征如意。花窗中大量的如意头都呈灵芝状，由于曲线优美，能产生一种自然优美的旋律。花窗中的芝花常与海棠并用，取阖家、满堂吉祥、幸福之意，也与牡丹花并用，寓意富贵长寿。

图 3-189、图 3-190 都是芝花踞中，外围曲线形图案。图 3-190 双边曲线相交呈芝叶状。图 3-191 芝花在上、下边之中，四角隅嵌如意头，左右对嵌如意，一横线穿银锭，寓定能如意长寿之意。图 3-192 纯为芝花造型。图 3-193 组合稍显复杂，但图案变化亦极有规律：以菱形踞中，菱角各顶一朵芝花，花瓣顺势相套，整个幅面以五个小菱形为中心，呈五个不规则相套图案。

图 3-194~图 3-197 都是以芝花为中心组图，但画面变化多端。图 3-194 以夔纹相连接，左右如意头纹。图 3-195 云雷纹围斗方套芝花，四角隅为如意头纹变形。图 3-196 亦为夔纹四围，芝花上下如意头纹。图 3-197 芝花上下为如意头纹，左右和四角隅都饰嵌如意头纹。

图 3-198 四芝花分列两侧，左右如意头纹，幅面中央嵌塑植物折枝。图 3-199 与图 3-198 图案略同，但幅面无嵌塑。图 3-200

① （清）陈淏子：《花镜·灵芝》。

图 3-189　芝花纹（虎丘）　　　图 3-190　芝花纹（虎丘）

图 3-191　芝花如意头纹（虎丘）　图 3-192　芝花纹（环秀山庄）

图 3-193　夔穿芝花纹（留园）　　图 3-194　夔穿芝花纹（沧浪亭）

图3-189	图 3-190
图3-191	图3-192
图3-193	图3-194

100

透风漏月——花窗

图 3-195　云雷纹穿斗方套芝花（虎丘）　　图 3-196　夔穿芝花纹（怡园）

图 3-197　芝花如意纹（虎丘）　　图 3-198　四芝花纹嵌塑（狮子林）

图 3-199　四芝花纹（沧浪亭）　　图 3-200　芝花如意纹（网师园）

芝花被套在形如银锭的框中，周围及角隅都嵌饰各式如意头纹。图 3-201 带花蕊的芝花套在圆心，如意头纹四围，四角隅嵌纹如平口花瓶，寓四季平安、如意长寿诸意。

图 3-202 正方套芝花，左右饰如意头纹，四角隅嵌蝠纹上下饰卷云纹。图 3-203 银锭居中，左右嵌芝花，上下夔钉，有定能长寿之意。图 3-204 中间为很大的略成圆形的框，框中套芝花，圆框纹四角中心嵌饰如意头纹，四角隅嵌人字纹，有人人长寿如意之意。图 3-205 中为八角套扁方，周边平均嵌以芝花瓣纹，四角隅为抽象蝶纹。

图 3-206 套方十字穿芝花，四角隅饰嵌莲瓣，图纹以十字纹为住，间架简洁、稳健。图 3-207 芝花居中，四角隅嵌纹似展翅蝠纹，画面繁中有序。图 3-208 中为八角套芝花，四角隅嵌海棠，上下左右如意头纹。图 3-209 圆套芝花，四周边饰如意头纹，四角嵌饰十字如意头纹，曲线相互借资。

图 3-210 居中芝花的四角各顶一如意头纹，四角隅嵌半圆顶着如意云纹盘曲

图 3-201　芝花如意纹（拙政园）

图 3-202　方套芝花如意纹（拙政园）

图 3-203　芝花银锭纹（网师园）

图 3-204　芝花如意头纹（西园）

第三章 花卉纹

图 3-205 芝花围套方（西园）

图 3-206 套方十字穿芝花纹（艺圃）

图 3-207 芝花纹（艺圃）

图 3-208 芝花海棠纹（拙政园）

图 3-209 圆套芝花纹（拙政园）

图 3-210 芝花如意头纹（严家花园）

而成的抽象图纹。图3-211芝花套进菱花纹中，菱花八角各顶一鹅子纹，四角隅嵌以如意头纹，线条互借，各成方圆，自得妙趣。图3-212四龟背纹、四芝花纹套圆，线条清晰简净，长寿主题鲜明。图3-213夔纹围带蕊芝花，左右饰如意头纹，上下嵌古钱，寓意如意、长寿、富贵。图3-214芝花捧牡丹纹，四角隅嵌蝠纹镶银锭，寓一定长寿、富贵、幸福诸意。

图3-215八角套芝花，四边饰海棠纹，角隅嵌如意头纹。图3-216外框为八角纹，四角由芝花瓣组成抽象蝠纹，以圆为蕊、海棠纹为花瓣，为中心构图。图3-217正中心八角纹套海棠纹，与上下海棠纹组成形似上下两花篮的图形，左右圆套芝花，周嵌海棠纹、卍字纹，图案丰富，主次分明，寓意满堂春色、长寿、万德吉祥。

图3-211	图3-212
图3-213	

图3-211
芝花纹（拙政园）

图3-212
芝花龟背纹（西园）

图3-213
夔纹围芝花纹（拙政园）

图 3-214　芝花捧牡丹纹（沧浪亭）

图 3-215　海棠芝花纹（沧浪亭）

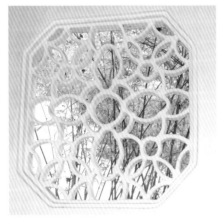

图 3-216　芝花海棠纹（沧浪亭）

图 3-217　卍字海棠芝花纹（沧浪亭）

　　图 3-218 构图十分巧妙，正中八角套海棠，四周六角套芝花，八角纹上下接小方，或套银锭，或套海棠，八角和小方组成灯笼纹，画面图纹寓意阖家长寿、富贵，喜庆色彩浓厚。图 3-219、图 3-220 都以芝花海棠为核心组图，海棠花瓣切掉一片呈如意纹状，两图一繁一简。图 3-221 十字穿海棠，芝花瓣嵌饰在海棠纹周，四角隅海棠纹嵌饰，上下如意头纹饰。图 3-222 中心构图与图 3-221 略同，但四角隅与左右边的嵌饰不同，角隅形似葫芦纹。图 3-223 与图 3-220 略同，不同点是芝花有蕊，四角隅为海棠纹饰。

　　图 3-224 ~ 图 3-227 都是以海棠芝花为主题，幅面构图组合方式各有千秋：图 3-224 以芝花作角隅嵌饰，海棠居中，对角线相交穿海棠；图 3-225 扁方套斗方套芝花，上下左右饰海棠纹；图 3-226 芝花海棠间套；图 3-227 芝花嵌四角隅，中间海棠纹，海棠纹上下嵌如意头纹。

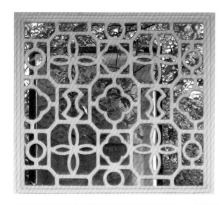

图3-218	图3-219
图3-220	图3-221
图3-222	图3-223
图3-224	图3-225

图 3-218
海棠芝花纹（沧浪亭）

图 3-219
海棠芝花纹（沧浪亭）

图 3-220
海棠芝花纹（虎丘）

图 3-221
海棠芝花纹（虎丘）

图 3-222
海棠芝花纹（虎丘）

图 3-223
海棠芝花纹（虎丘）

图 3-224
海棠芝花纹（虎丘）

图 3-225
海棠芝花纹（虎丘）

图 3-226　海棠芝花纹（留园）　　　　　　　　图 3-227　海棠芝花纹（网师园）

　　图 3-228 以海棠纹为花蕊的硕大芝花占满幅面，上下左右嵌人字纹，简洁明净。图 3-229 芝花海棠如意头纹，清晰简净。图 3-230 以圆套芝花为中心构图，周以海棠纹，左右以夔纹围合呈海棠纹，嵌以如意头纹。

　　图 3-231 带花蕊芝花围海棠纹，左右海棠纹中另有嵌饰。图 3-232 带蕊芝花与海棠纹相间，疏密有间。图 3-233 与图 3-232 画面略似而稍异，构图中心的海棠中有圆心。图 3-234 芝花居中，围以海棠纹，四边饰如意头纹。

图 3-228　海棠芝花纹（艺圃）　　　　　　　　图 3-229　海棠芝花纹（拙政园）

图 3-230 海棠芝花纹（拙政园）　　　　图 3-231 海棠芝花纹（拙政园）

图 3-232 海棠芝花纹（拙政园）　　　　图 3-233 海棠芝花纹（拙政园）

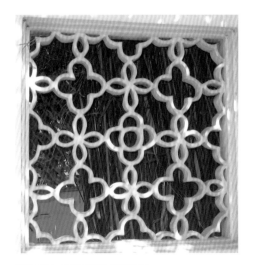

图 3-234 海棠芝花纹（退思园）

三、柿蒂纹、红叶、菱花

1. 柿蒂纹

因外形像柿蒂而名柿蒂纹。《酉阳杂俎》："木中根固，柿为最。俗谓之柿盘。"树木当中要论扎根牢固，柿树是最牢固的，一般人都叫它"柿盘"。含有坚实、牢固之意。并称柿树有七德：一长寿，二多阴，三无鸟窠，四无虫蚀，五霜叶可玩赏，六嘉实味美，七落叶肥大可以临书。柿与事谐音，柿蒂纹象征着事事如意、家业稳固。

柿蒂纹以八角纹套中心海棠纹为基本图式，繁简不一、大小不一，而且线条互相借资，可以套成"柿柿"相连的图纹，以合"事事"之音。图 3-235 四角隅所嵌略似蝠纹，画面教繁。图 3-236 画面柿蒂纹较大，可以相套成多个"柿蒂"。图 3-237 花窗框上端为人字坡纹，幅面柿蒂纹。图 3-238 呈柿子纹样，似一只只

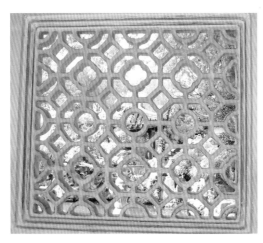

图 3-235　柿蒂纹（留园）

图 3-236　柿蒂纹（留园）

图 3-237　柿蒂纹（沧浪亭）

图 3-238　柿蒂纹（留园）

柿子，别开生面。图 3-239 柿蒂中心的海棠纹四瓣上有芝花瓣，两柿蒂纹相交处呈如意头纹，角隅均以如意头纹相嵌。图 3-240 以海棠纹和略呈荷瓣的四花瓣组成柿蒂，左右如意头纹，上下似展翅蝠纹，样式有翻新。

　　图 3-241 为柿蒂纹陶铸件。图 3-242 两柿蒂纹相连，上下夔钉套住，角隅呈如意头纹。图 3-243 柿蒂纹样与图 3-244 一样，都以海棠纹为中心，只是幅面宽窄不同，纹样繁简不一。图 3-243 角隅亦嵌海棠纹，图 3-244 为套扁方，窗框与套方之间的边框中嵌夔钉和银锭，角隅嵌四小圆珠。图 3-243 柿蒂中心除了海棠纹还有圆纹，略有变化。图 3-246 四角隅亦有变化。

图 3-239　柿蒂纹（沧浪亭）

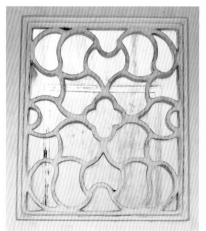

图 3-240　柿蒂纹（沧浪亭）

图 3-241　柿蒂纹（狮子林）

图 3-242　柿蒂纹（网师园）

图 3-243 柿蒂纹（西园）

图 3-244 柿蒂纹（怡园）

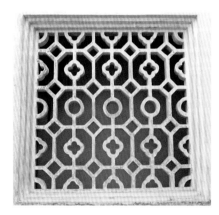
图 3-245 柿蒂纹（艺圃）

图 3-246 柿蒂纹（拙政园）

2. 红叶

红叶为秋之叶，"红叶题诗"是则浪漫的爱情故事，耳口相传中还出现了多种内容大同小异的"版本"。唐代范摅《云溪友议》卷十载："中书舍人卢渥应举之岁，偶临御沟，见一红叶，命仆搴来，叶上乃有一绝句。置于巾箱，或呈于同志。及宣宗既省宫人，初下诏，许从百官司吏，独不许贡举人。渥后亦一任范阳，独获其退宫人，睹红叶而吁嗟久之，曰：'当时偶题随流，不谓郎君收藏巾箧。'验其书迹，无不讶焉。诗曰：'流水何太急，深宫尽日闲。殷勤谢红叶，好去到人间。'"红叶的种类有枫叶、黄栌，柿子、野槭等树。苏州沧浪亭中的这个秋叶花窗，造型优美，给人以美丽的遐想（图 3-247）。

图 3-247　秋叶（沧浪亭）

3. 菱花

　　菱花，水中植物菱的花，这里指菱花形的花纹。古代铜镜有菱花镜，镜多为六角形或背面刻有菱花，由于菱花镜常与美人为伴，更增妩媚。汉代司马相如《子虚赋》："外发芙蓉菱华，内隐巨石白沙。"前蜀韦庄《练篇》："白袷丝光织鱼目，菱花绶带鸳鸯簇。"图 3-248 四菱花围长方，上下海棠纹，嵌饰如意头纹。

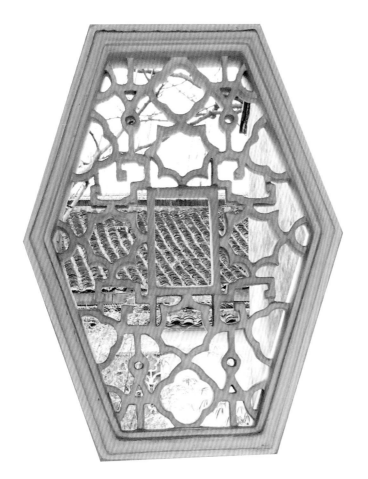

图 3-248　菱花（沧浪亭）

第四章

器物图案

日常生活中作用于喜庆、纳福、迎祥和避邪厌胜等器物，或者文人雅士们象征风雅的器物，成为漏窗图案的一个组成部分。

第一节

喜庆器物

一、如意头

"如意"一词出于印度梵语"阿娜律"。最早的如意，柄端作手指之形，以至手所不能至，搔之可如意，因名。晋唐时代，我国已有如意，是用来搔痒的。和尚宣讲佛经时，也持如意，记经文于上，以备遗忘。道教盛行后，逐渐把如意和灵芝、云纹巧妙地融合在一起。将手形如意改变成灵芝祥云状。这是因为灵芝草能益精气、强筋骨，传说食之能起死回生、长命百岁。同天上云彩结合起来，形成祥云凝聚、优雅美丽的神采等特有的象征寓意。《琅环记》："昔有贫士，多阴德，遇道士赠一如意，凡心有所欲，一举之顷，随即如意，因即名之也。"如意者，诸事都能够如愿以偿也。明、清两代，取如意之名，表示吉祥如意，幸福来临，是供玩赏的吉利器物。

如意头纹样曲线组合自由，线条优美。图4-1六角形窗框内，四如意头上下对称，形似对舞的金鱼纹。图4-2四如意头纹组合成花瓣，四角隅小半圆和圆头如意组成抽象图案。中心呈菱花形，十分优美。图4-3~图4-5都为长方形窗框。其中：图4-3两大如意云头纹，中间嵌两小如意头和小圆圈；图4-4两大如意头纹之间用一如意纹花连接；图4-5中间屈曲成两如意头纹，上下呈元宝形，组图自如而有序。图4-6上下左右两对如意结，中间一对大的如意纹，画面左顾右盼皆成吉祥图。

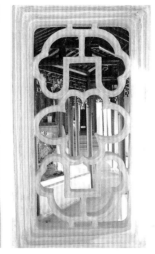

图 4-1　如意头纹（沧浪亭）　　图 4-2　如意头纹（艺圃）

图 4-3　如意头纹（虎丘）　　　图 4-4　如意头纹（耦园）

图 4-5　如意头纹（怡园）　　　图 4-6　如意头纹（拙政园）

图 4-1		图 4-2	
图 4-3	图 4-4		图 4-5
	图 4-6		

图4-7八角框内，如意头纹形似花瓣相叠。图4-8以如意头纹为中心，上下左右四个如意头结，十分优美，四角隅嵌如意云纹，各套一芝花，构图幽雅，寓意长寿如意。

图4-9中心以如意为身，左右似翅膀，形似蝠纹，左右翅各顶一如意头，上下各顶一海棠纹，十分巧妙。图4-10幅面上下如意头，中心左右葫芦纹，葫芦象征福禄。图4-11和图4-12四角隅嵌如意云纹和如意头纹；图4-13中心幅面以如意头纹合成一如意花纹，四角隅各嵌一荷花瓣。

图4-7　如意头纹（环秀山庄）　　　图4-8　如意头云纹芝花（怡园）

图4-9　如意海棠纹（虎丘）

图4-7 ｜ 图4-8
图4-9

图 4-10　如意头纹（艺圃）

图 4-11　如意头纹（耦园）

图 4-12　如意头纹（拙政园）

图 4-13　如意头纹（西园）

　　图 4-14 四如意头构成中心的如意花，四周缀以荷瓣等曲线纹。图 4-15 中心
四如意头聚合成一海棠纹外框，成为幅面主纹，周以如意云纹，中心突出，线纹
优美。图 4-16 以如意云纹组图，乱中有序。图 4-17 以小圆圈为中心，上下缀贝
叶纹，四角隅嵌如意头纹，左右各有一如意头。图 4-18 以如意头纹为构图中心，
上下左右各嵌成对如意头纹，造型同中略异。

图4-14　如意头纹（西园）

图4-15　如意头纹（拙政园）

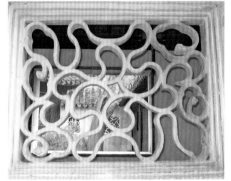

图4-16　如意头纹（拙政园）

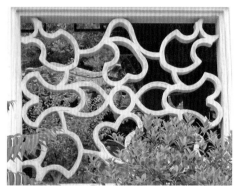

图4-17　如意头纹（虎丘）

　　图4-19～图4-24中，中心有如意、橄榄纹和八角纹不同，有的上下缀如意头（见图4-19、图4-22）；有的左右嵌如意头纹，四角隅为贝叶纹（见图4-21）；有的以形似如意头又似荷瓣的纹样组成花瓣（见图4-23），四角隅嵌如意头纹（见图4-24），都与佛教迹象如意之意有关。

　　图4-25造型比较别致，主纹以六角为中心组成一形似倒钟的纹样，上下左右各有一对形似不同的如意头纹，四角隅嵌相同如意头。图4-26横向以三鹅子为主纹，上下各缀一如意头纹，四角隅以如意纹组成蝠纹。图4-27和图4-28都以如意云纹组图，图4-28套方内四边均为成对鱼纹，线条互相借资，十分巧妙。图4-29以圆为中心，四边似四蝠纹。图4-30以荷瓣形如意头组图。

　　图4-31用两如意头顶圈为主纹，左右两边呈蝠纹，上下边各有一如意头；图4-32主纹为贝叶纹，左右及四角隅为如意头纹。图4-33和图4-34中心都为菱花纹，上下都嵌造型不同的如意头。4-34菱花左右嵌葫芦纹，寓福禄如意的吉祥之意。图4-35用四朵如意云纹组图，中间呈"亞"形，上下各嵌一带叶的圆珠状果子。

图 4-18　如意头纹（虎丘）

图 4-19　如意头纹（虎丘）

图 4-20　如意头纹（西园）

图 4-21　如意头纹（西园）

图 4-22　橄榄如意头纹（西园）

图 4-23　橄榄如意头纹（西园）

透风漏月——花窗

图4-24　八角如意头纹（西园）　　图4-25　如意钟纹（西园）

图4-26　如意蝠纹（西园）　　图4-27　如意云纹（拙政园）

图4-28　如意云纹（耦园）　　图4-29　如意头纹（西园）

图 4-24	图 4-25
图 4-26	图 4-27
图 4-28	图 4-29

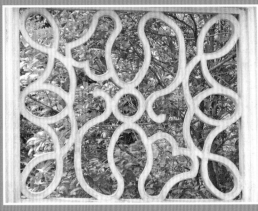

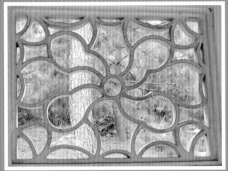

图 4-30　如意荷瓣纹（虎丘）　　　图 4-31　如意蝠纹（虎丘）

图 4-32　贝叶如意头纹（虎丘）　　图 4-33　菱花如意头纹（虎丘）

图 4-34　如意头葫芦纹（环秀山庄）　图 4-35　如意云头纹（拙政园）

图 4-30	图 4-31
图 4-32	图 4-33
图 4-34	图 4-35

图4-36如意头纹嵌角，上下如意纹，主纹亚形框。图4-37四角嵌如意云纹，围荷瓣形花；图4-38如意纹组成吉祥花形；图4-39以四如意头纹组成主纹吉祥花，四角隔嵌如意云纹。图4-40以如意头纹为中心，左右嵌如意云纹，上下及角隅也以如意云纹装饰。图4-41以近似海棠纹为中心，四边饰如意头纹，四角隅连如意云纹，十分优美。

图4-42、图4-43都以如意纹组合，图4-43中心主纹是如意头纹，四角隅嵌芝花叶，图4-44以菱形为中心，如意头嵌四角及左右双边；图4-45四边中心为套如意头纹，四角隅嵌如意纹，葫芦、植物叶塑嵌在双对角线中，造型别致，寓幸福如意之意。图4-46中心也以四如意头围合成吉祥花，四角隅为如意云纹。图4-47比较复杂，幅面中心圆套双圆，与下面的如意夔钉组成花篮状，四方形如意头紧围着，四角隅嵌如意头钉。

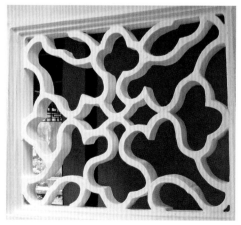

图4-36　如意头纹（网师园）　　　　图4-37　如意头纹围荷瓣纹（西园）

图4-38　如意头纹（虎丘）　　　　　图4-39　如意头吉祥纹（拙政园）

图 4-36	图 4-37
图 4-38	图 4-39

 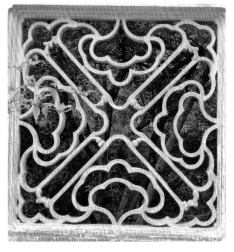

图 4-40　如意头纹（耦园）　　　　图 4-41　如意云纹（怡园）

图 4-42　如意头纹（拙政园）　　　图 4-43　如意头纹（拙政园）

图 4-44　如意头纹（耦园）　　　　图 4-45　如意头纹嵌塑葫芦（拙政园）

图 4-40	图 4-41
图 4-42	图 4-43
图 4-44	图 4-45

图 4-46 如意头纹（拙政园）

图 4-47 如意头纹（狮子林）

图 4-48 主纹云雷纹，但都呈如意头状，围着八方，嵌着许多梅花塑物，寓意幸福如意、八方平安。图 4-49 中心两如意头，左右云雷纹如意结，上下亦为如意结，四角隅形似蝠纹。图 4-50 以如意橄榄纹为主纹，嵌云雷纹。图 4-51 大小不同的夔纹如意结围鹅子纹。

图 4-52 和图 4-53 都以如意头折扇纹为中心。其中：图 4-52 四边围如意头纹和卍字，寓如意、吉祥和行善诸意；图 4-53 云雷纹嵌在折扇如意周围，还嵌有芝花叶，增长寿等意。图 4-54 以如意头结为主纹，卍字嵌双侧，上左右两角隅嵌有蝠纹，寓意幸福、吉祥等。图 4-55 以如意头为中心，左右边嵌四如意结纹，云雷纹四围，上下嵌四银锭，增必定富贵、如意之意。

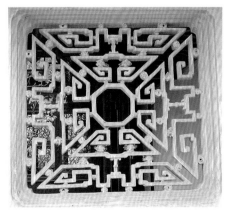

图 4-48 如意云雷纹嵌梅花（耦园）

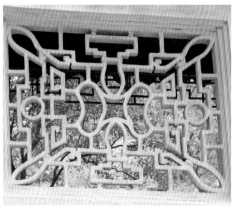

图 4-49 如意扣纹（拙政园）

图 4-50　如意橄榄纹（艺圃）

图 4-51　如意扣（耦园）

图 4-52　如意头折扇（拙政园）

图 4-53　如意头折扇（耦园）

图 4-54　如意结蝠纹（耦园）

图 4-55　如意头纹（沧浪亭）

二、银锭、挂钟、灯笼、绦环、绶带

1. 银锭

银锭是财富的象征。银锭又称元宝，元宝之"元"又与三元之"元"音同，故多被绘入吉祥图案（图4-56）。三个元宝叠在一起的纹样就叫比喻状元、榜眼、探花等"三元"，亦称科举考试"三元及第"。

笔、银锭或笔、灵芝（或如意）和银锭的图案，取义"必定"，"锭"谐音"定"。

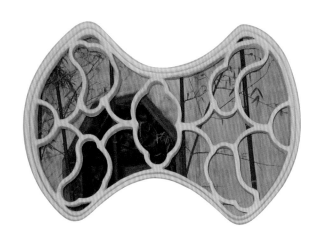

图 4-56　银锭纹（沧浪亭）

2. 挂钟

钟是计时器，不断地转动着，有辞旧迎新的功用，也有翻覆变动的意义。因此，赋予它除旧翻新，永无停息的意义。

在中国传统的风水学说中，挂在吉方的方形主钟，面对凶方，能把对面的凶物挡住和转走。图4-57倒挂钟内是盘曲的灵芝。

图 4-57　挂钟纹（狮子林）

透风漏月——花窗

3. 灯笼

灯笼框，又名灯笼锦，是一种常见的传统窗格图案，它是简单化、抽象化了的灯笼形象，周围点缀团花、卡子花等雕饰，图案简洁舒朗。灯笼框窗格中间留有较大面积的空白，可题诗作画于其上，或绘梅兰竹菊，或点山水花鸟，清新而典雅。

在古代，灯笼是光明和喜庆的象征，以抽象的灯笼图案作为装修窗格图案，寄寓了人们对美好光明的生活的向往。

图4-58圆灯笼造型很逼真，这类造型是模仿太阳做的，光明而又带生殖崇拜的寓意，古有生男孩挂灯笼的习俗，表示喜庆。图4-59八角灯笼相套，线条互相借资。图4-60为常见灯笼锦，通常是小四方块与八角纹相连。图4-61将四枚古钱相套作主纹，周以灯笼锦，表达富贵喜庆之意。图4-62正中主纹为圆灯笼，灯面上有芝花纹，周以如意头云纹。

图4-63正中为八角灯景，灯面饰四个反向如意头，四角隅嵌如意头纹。4-64以圆灯为主纹，饰以芝花叶，四角饰以三角纹。图4-65四如意灯笼纹相组合，画面均衡而优美。

图4-58　灯笼纹（环秀山庄）

图4-59　灯笼锦纹（虎丘）

图4-60　灯笼锦纹（环秀山庄）

图4-61　灯笼锦纹、古钱（环秀山庄）

图 4-62 灯笼如意云纹（拙政园）

图 4-63 灯笼如意纹（拙政园）

图 4-64 灯笼纹（留园）

图 4-65 灯笼纹（严家花园）

4. 绦环

绦，丝带环环相套，绵绵不断头，象征家道兴旺，福禄绵长。绦环造型略似"亞"形稍扁，斜向相套，倾斜度和绦环密度稍有变化（见图 4-66 ~ 图 4-68）。图 4-69 在绦环中嵌如意头、海棠和如意头结；图 4-70 将海棠作主纹，周以绦环，强化了家道福禄，满堂春色的意味。

5. 绶带

绶带，即丝带，这里指古代用以系佩玉、官印、帷幕等物的丝带。绶带的颜色常用以标志不同的身份与等级。《礼记·玉藻》："天子佩白玉而玄组绶，公侯佩山玄玉而朱组绶。"郑玄注："绶者，所以贯佩玉相承受者也。"《周礼·天官·幕人》："幕人掌帷、幕、幄、帟、绶之事。"郑玄注引郑司农曰："绶，组绶，所以系帷也。"

绶带飘逸，形姿优雅，又是地位高贵的象征（见图 4-71）。

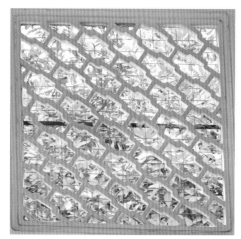

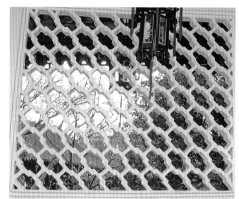

图 4-66　绦环（环秀山庄）　　　图 4-67　绦环（虎丘）

图 4-68　绦环（怡园）　　　　　图 4-69　绦环（拙政园）

图 4-70　海棠绦环（耦园）　　　图 4-71　绶带（拙政园）

图 4-66	图 4-67
图 4-68	图 4-69
图 4-70	图 4-71

三、花瓶、花篮

1. 花瓶

　　花瓶，盛水养花或用作摆设的瓶子。"瓶"与"平"谐音，象征平安；四个花瓶，象征四季平安；多个花瓶，是平平安安的意思。结合不同的图纹，表达丰富的含义。

　　图 4-72～图 4-74 都是外框似花瓶。其中：图 4-72 瓶内还有花瓶插三戟、左右两条鱼纹、两古钱，表达平升三级、年年有余、富贵平安等意；图 4-73 的花瓶里插着荷花、莲瓶身饰有带枝花蕾，既有佛花的神圣，又有多子的凡俗理想；图 4-74 瓶口呈折扇形，瓶内塑有如意头芝花花篮，造型别致吉祥。

　　图 4-75～图 4-79 都以插花的花瓶为主纹。图 4-75 瓶中插如意头花，周以如意头，符合西园佛寺特点。图 4-76 如意腿花瓶中插的是长叶子花形似兰花，周以云雷纹，以示雅洁。网师园如意腿花瓶与图 4-76 略似，但周以卍字纹（见图 4-77）。图 4-78 花瓶线条简洁，四角海棠，三边中顶以如意头纹，唯瓶下有架子。图 4-79 瓶花硕大似荷花，瓶身四面围以如意头花瓣，造型线条优雅大方。图 4-80 海棠花瓶，左右两只花瓶，插着海棠花，中间为套方，方中心为圆，有平平安安、阖家欢乐之意。

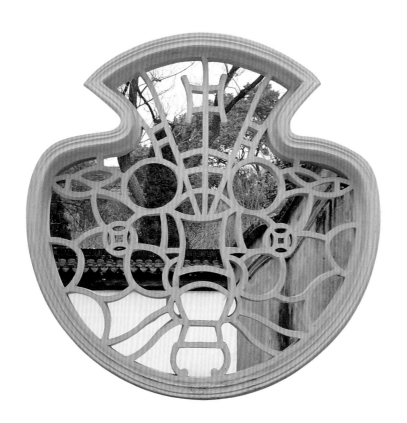

图 4-72
花瓶（沧浪亭）

第四章 器物图案

图 4-73
花瓶（狮子林）

图 4-74
花瓶（拙政园）

图 4-75
花瓶（西园）

图 4-76
花瓶（耦园）

图 4-77
花瓶（网师园）

图 4-78
花瓶（虎丘）

图 4-79
花瓶（拙政园）

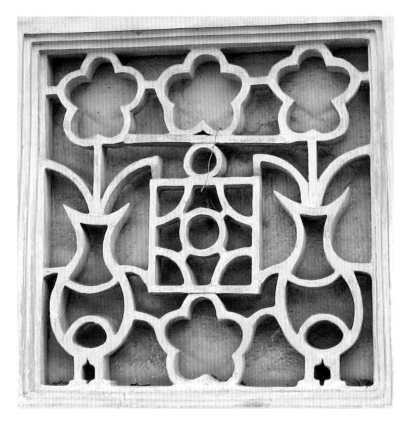

图 4-80
海棠花瓶（沧浪亭）

图 4-81～图 4-85 都是以花瓶为主纹组图，图 4-81 花瓶居中，四角隅近似蝠纹，瓶上下为如意头纹。图 4-82 如意大花瓶位正中，左右斜靠两小花瓶，围以曲线。图 4-83 花瓶居正中，瓶身呈"亞"形，中心饰如意花纹。图 4-84 正面上下左右四只花瓶，四角隅如意头相套，寓四季平安、如意诸意，造型雅致。图 4-85 海棠居中，四花瓶在四角隅，寓意阖家四季平安。

图 4-81　花瓶（留园）

图 4-82　花瓶（沧浪亭）

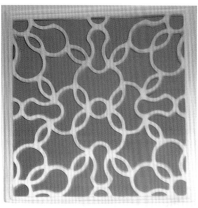

图 4-83 ｜ 图 4-84
　　　　｜ 图 4-85

图 4-83
花瓶（虎丘）

图 4-84
花瓶（狮子林）

图 4-85
四季平安（西园）

2. 花篮

　　花篮，装着鲜花的篮子，因为多用作祝贺的礼物，象征喜庆。花篮造型优雅，形态各异，令人赏心悦目。

　　图 4-86 篮身塑荷瓣，篮上提柄似如意头，上下顶着斗方，左右嵌六角纹，周以夔纹。图 4-87 篮身为龟背纹，饰海棠，提柄上方左右似彩带，上结如意花，画面洁净。图 4-88 线条简净的花篮，周以云雷纹。图 4-89 花篮居于如意头嵌角的套方（近似）中，周以如意头纹。图 4-90 花篮较抽象，篮中有贝叶如意纹头，四角隅嵌如意头纹。图 4-91 套方中的花篮，篮身为海棠纹，下垫如意头，提柄亦为海棠纹，周饰如意云纹。

　　图 4-92 斗方中吊一花篮，如意腿、如意身、如意柄，饰如意花叶，周饰如意云纹，十分巧妙。图 4-93 冰裂纹中套斗方，斗方中吊一花篮。图 4-94 卍围花篮，篮身龟背形，如意腿，饰芝花纹，插一枝。图 4-95 海棠花篮，篮柄左右饰海棠纹，周以夔钉、如意头纹。图 4-96 海棠为花篮提柄，篮身左右都嵌有海棠纹和八角景纹。图 4-97 篮身为折扇形、如意几，上下左右龟背纹，篮柄椭圆形，上饰夔钉似长柄，周边嵌海棠纹、卍纹、蔓草纹等，皆对称构图，繁而有序。

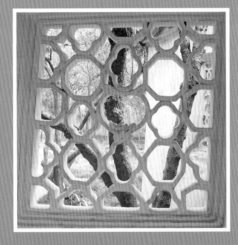

图 4-92　花篮（拙政园）　　　图 4-93　花篮（拙政园）

图 4-94　卍围花篮（虎丘）　　　图 4-95　花篮海棠（沧浪亭）

图 4-96　花篮海棠（拙政园）　　图 4-97　花篮折扇（沧浪亭）

图 4-92	图 4-93
图 4-94	图 4-95
图 4-96	图 4-97

图 4-98 套方中一小花篮，被如意云纹簇拥着，周以如意云纹。图 4-99 主纹似一软脚卍字花篮，四角隅各一花篮，构思极妙。图 4-100 一龟背海棠花篮处在夔纹及芝花围合之中，阖家喜庆、长寿平安之意突出。图 4-101 夔纹花篮，周以夔纹、卍字。图 4-102 海棠纹花篮为主纹，篮中有芝叶、蔓草，提柄呈如意头纹，四角隅嵌蝠纹，有幸福、如意、长寿等喜庆意义。

图 4-98

| 图 4-99 | 图 4-100 |
| 图 4-101 | 图 4-102 |

图 4-98
花篮（拙政园）

图 4-99
四花篮（虎丘）

图 4-100
夔龙纹花篮（怡园）

图 4-101
夔龙纹花篮（拙政园）

图 4-102
四蝠嵌花篮（网师园）

第二节

厌胜避邪器物

一、暗八仙

暗八仙是道教供奉的铁拐李、吕洞宾、汉钟离、张果老、韩湘子、曹国舅、蓝采和、何仙姑八位散仙所持的法器，因只有法器而不见仙人，故称为"暗八仙"，表示神仙来临之意，象征喜庆吉祥，有祝颂长寿之意。[①]

1. 葫芦

葫芦为铁拐李所持宝物，"葫芦盛药存五福"，能炼丹制药，普度众生。葫芦在中国古代神话中本来就具有传奇色彩，又有象征海中蓬莱仙景的含义，民间视之为避邪镇妖之物，喻之为宗枝绵延、多子多福（葫芦是多籽之物）的象征，见图4-103。

2. 宝剑

吕洞宾身背宝剑，剑透灵光鬼魄寒。吕洞宾，世称纯阳祖师。北五祖的第三位。他的阴阳剑，能斩蛟除害，寓意驱邪、赐福，他所持的天盾剑法，有镇邪驱魔之能。《能改斋漫录》十八记吕洞宾"自传"曰："世言吾卖墨，飞剑取人头，吾甚哂之。实有三剑，一断烦恼，二断贪嗔，三断色欲，是吾之剑也。""剑"不是道教的斩妖剑，而是佛教斩心魔的慧剑，见图4-104。

① 详参本系列《铺地》分册第五章第一节。

图4-103　葫芦（虹饮山房）　　　　图4-104　宝剑（虹饮山房）

3. 玲珑宝扇

汉钟离手不离扇，慢摇葵扇乐陶然。图4-105玲珑宝扇，能起死回生，驱妖救命。据晋代崔豹《古今注·舆服》曰："舜广开视听，求贤人以自辅，作五明扇。汉公卿大夫皆用之。魏晋非乘舆不得用。"自发明之日起，就与"广开视听"相联系，是"德"的载体。扇者，"善也"。"扇"与"善"谐音，送给旅人，寓意"善行"。用于铺地图案，有驱邪行善之意。

4. 鱼鼓

张果老是八仙之中唯一不被别人度成仙的。唐代道士，唐武则天时自称已数百岁。武后召之出山，他装死不赴。常倒骑白驴，日行万里。唐玄宗时，派使者请他入朝，授以银青光禄大夫职衔，赐号"通玄先生"。

张果老所持鱼鼓，能星相卦卜，灵验生命，所谓"鱼鼓频敲传梵音"，见图4-106。

5. 洞箫

韩湘子，韩愈之侄孙。自幼随吕纯阳学道，后登桃树堕死而尸解登仙。韩愈以谏迎佛骨事贬谪潮州之时，曾护愈抵任。后度其入道。韩湘子掌握箫管，紫箫吹度千波静，妙音萦绕，万物生灵之能，见图4-107。

6. 阴阳玉板

曹国舅是宋仁宗曹皇后之弟，故称国舅。因包庇其弟杀人而伏罪。其弟曹景植被包拯斩首，仁宗为救他大赦天下，才得解脱。后耻见于人而隐居山岩，矢志修道。遇钟汉离和吕洞宾，得度成仙。曹国舅手持阴阳玉板，"拍板和声万籁清"，见图4-108。

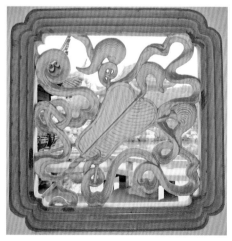 

图4-105 玲珑宝扇（虹饮山房）　　图4-106 鱼鼓（虹饮山房）

7. 花篮

蓝采和得汉钟离度化成仙，常行歌于市中乞讨，手持大拍板长三尺余，似醉非醉，歌皆神仙脱世之意。蓝采和常提花篮，"花篮尽蓄灵瑞品"，篮内的神花异果，能广通神明，见图4-109。

8. 荷花

何仙姑是八仙之中唯一女仙。她手持的是荷花，"荷花洁净不染尘"，"濯清涟而不妖，中通外直"（见图4-110）。人们将荷花喻为君子，给人以圣洁之形象，可修身禅静。

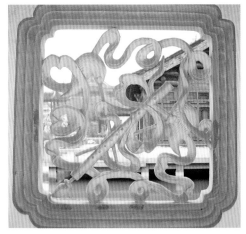

图 4-107　洞箫（虹饮山房）　　　　图 4-108　阴阳玉板（虹饮山房）　　　图 4-107 ｜ 图 4-108

图 4-109　花篮（虹饮山房）　　　　图 4-110　荷花（虹饮山房）　　　　　图 4-109 ｜ 图 4-110

二、方胜、盘长

1. 方胜

"以两斜方形互相联合，谓之方胜。"[①] 原为神话中"西王母"所戴的发饰。《山海经·西山经》载："西王母其状如人，豹尾、虎齿而善啸，蓬发戴胜，是司天之厉及五残。"晋代郭璞注释说："蓬头，乱发。胜，玉胜也。"

因戴胜的西王母是中国神话中的生命之神，掌管着不死药、不死草，能使人长寿，魔法盖天，被视为长生不老的象征，其所戴的饰物也就有了吉祥的意义。原来是可畏的厉神西王母被转化成了广赐福德的伟大女神仙。

两个菱形相叠交，有同心吉祥、克制邪恶之意。方胜往往与卍字纹或银锭、海棠、如意云纹等吉祥纹样组合使用，有定胜、阖家吉祥等意，见图4-111~图4-113。

① 徐珂：《清稗类钞·服饰》。

图4-111
方胜卍字纹
（沧浪亭）

图 4-112
方胜银锭纹
（拙政园）

图 4-113
方胜海棠纹
（拙政园）

2. 盘长

盘长，佛教八吉祥之一。《雍和宫法物说明册》载："盘长，佛说回环贯彻一切通明之谓"，盘长象征连绵不断。民间也叫盘长为百吉，它无头无尾，无始无终，可以想象为许多个"结"，借"百吉"之声，作为百事吉祥如意的象征，也有福寿延绵，永无休止的意思。

盘长或处夔纹中，或在海棠纹中，见图 4 ~ 114 ~ 图 4-116。

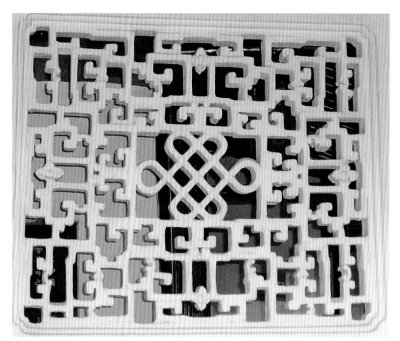

图 4-114

图 4-115 | 图 4-116

图 4-114
盘长夔纹（怡园）

图 4-115
盘长海棠纹（艺圃）

图 4-116
盘长海棠纹（耦园）

三、古钱

　　自秦始皇统一货币后，我国古代钱币都使用圆形方孔和圆形圆孔两种铜钱，圆形方孔外法天，内法地，取义精宏，起于战国末。

　　西汉时期，厌胜钱流行。厌胜是古代方士的一种巫术，以诅咒或其他方式压制对方。按一定的图形铸成钱币，称厌胜钱，俗称"花钱"，亦称押胜钱，大多有图案花纹，没有币值，不作流通之用。厌胜钱之本意，当指以压禳为目的而特制之迷信物，以"辟邪""富有"的象征被用于装饰上。常铸有"长命富贵"字样。还被用作护身符，或铸"天下太平""龟鹤齐寿""吉祥如意"等字样，或铸一些灵物图形，用红线穿起来，佩戴于胸前，可以驱赶使人致病的妖魔。

此后，厌胜钱所指的范围越来越广，凡不做流通钱币之"非正用品"，诸如避邪、开炉、镇库、吉语、八卦、春钱、打马、戏作、赏赐、庙宇、供养、挂灯、上梁、冥钱等，均泛称为厌胜钱。压胜钱图案内容丰富，涉及历史、地理、风俗民情、宗教、神话、书法、美术、娱乐、工艺等各个方面。

用在花窗上的厌胜钱，多为圆形方孔的铜钱形，取其钱全谐音和方孔之"眼"，有的一枚或两枚一组踞中，周以海棠、芝花等，有的为套铜钱，满窗都是。都是表示富裕、辟邪，再叠加上其他图案的吉祥意义。

图 4-117 和图 4-118 都是古钱居中，四角葫芦纹。图 4-117 嵌如意头，图4-118 在上面两葫芦上带出两藤蔓，增福禄万代之意。图 4-119 两古钱相套，上下左右饰海棠芝花纹，增阖家长寿吉祥之意。

图 4-120 套钱居中，四角围软脚卍字纹；图 4-121 一枚古钱居中，四边如意头，四角嵌海棠纹。图 4-122 狭长方形的小窗中，以古钱为中心，上下嵌上如意头，角嵌芝花叶。图 4-123 四角隅亦为形如先秦一种古币，中圆形方孔的古钱，整个幅面造型形似龟纹，组合极妙。图 4-124 四角为古钱，中心为圆蕊荷瓣纹。图 4-125 古钱海棠纹，有阖家富贵平安之意。

图 4-117　古钱葫芦纹（虎丘）

图 4-118　古钱葫芦纹（虎丘）

图 4-119　古钱芝花海棠纹（虎丘）

图 4-120　古钱软脚卍字纹（西园）

图 4-121　古钱海棠纹（拙政园）　　图 4-122　古钱如意头纹（拙政园）

图 4-123　古钱纹（拙政园）　　图 4-124　古钱纹（虎丘）

图 4-125　古钱海棠纹（怡园）

图 4-121	图 4-122
图 4-123	
图 4-124	图 4-125

图 4-126 四枚古钱围着龟背，四角嵌叠胜，寓意富贵、平安、长寿。图 4-127 为古钱和日纹相间，而图 4-128 ~ 图 4-130 套钱，古钱纹两两相套又呈芝花纹。图 4-130 似为套钱变体纹。图 4-131 双钱相套居中，上下嵌银锭，上下左右围以夔纹，四角嵌冰裂纹，既寓一定富贵、安全之俗情，又有冰清玉洁之雅意。

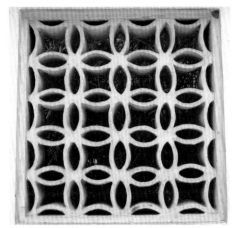

图 4-126　古钱龟背纹（西园）　　图 4-127　古钱纹（西园）

图 4-128　套钱纹（虎丘）　　　　图 4-129　套古钱（西园）

图 4-130　套钱边纹（西园）　　　图 4-131　套古钱纹（怡园）

图 4-126	图 4-127
图 4-128	图 4-129
图 4-130	图 4-131

第三节

文人风雅器物

一、书条

图4-132书条式是一种以竖形隔心为主的简单图案。园林主人多为文人士大夫，以读书为乐，故模仿古代宋本书籍的页面条纹而成。

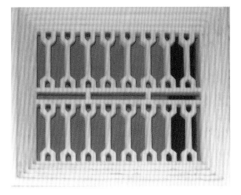

图 4-132　书条（环秀山庄）

二、"四雅"

"四雅"指的是古代文人所喜爱的琴、棋、书、画四件雅器，也代表着弹琴、弈棋、读书、作画四种技艺，所以也称"四艺"，以"古琴""棋盘""线装书""画卷"表示。苏州园林主人多为文人雅士，琴、棋、书、画、诗、酒、茶，是他们钟爱的清雅生活的主要内容，是艺术文化修养的体现和风雅的象征。粉墙上的琴、棋、书、画花窗，衬以窗下栽植的南天竹、石竹、罗汉松等四季常绿的植物，既具有形式美感，又饱含耐人寻味的幽雅情调，文化特色鲜明。

1. 古琴

琴指七弦琴，相传中华文明起源时期的炎帝，发明了五弦琴、七弦琴，创造了名叫《扶持》的乐舞，为后来西周时期的礼乐制度做了铺垫。儒家向来重视人的感情抒发，并用礼来约束感情，将礼、乐统一起来，成为中华原创性文化中儒家思想的基本准则。

"琴者，禁也"，认为琴是禁止淫邪、端正人心的乐器，视古琴为君子修身养性、治家理国的工具，这是儒家的美学思想。在古琴审美情趣上，文人推崇《老子》"淡兮其无味"的音乐风格和"大音希声"无声之乐的永恒之美，"淡"者，"使听之者游思缥缈，娱乐之心，不知何去"。"所谓希者，至静之极，通乎杳渺，出有入无，而游神于羲皇之上者也"[1]，这正是园林追求的景外情和物外韵，达到《庄子》"心斋""坐忘"的自由审美境界。图4-133古琴周围饰以飘带；图4-134古琴置于海棠纹框中冰梅纹之中，古雅脱俗。

---

[1]（明）徐上瀛：《溪山琴况》。

图 4-133

图 4-134 | 图 4-135

图 4-133
古琴（虹饮山房）

图 4-134
古琴（狮子林）

图 4-135
古琴（陈御史花园）

2. 围棋棋盘

棋，指围棋，代表文人赵颜；围棋在发展演变的过程中，有弈、围棋、坐隐、手谈等称。

围棋发源于中国，在甘肃省永昌县鸳鸯池出土的原始社会末期的陶罐，不少绘有黑色、红色甚至彩色的条纹图案，线条均匀。纵横交错，格子齐整，形状很像现在的围棋盘，考古学家将其称为棋盘纹图案。汉墓殉葬物中有石制棋盘。说明围棋自原始社会开始就初具雏形，围棋以围困对方、吃子多而取胜，故称。定型于魏晋南北朝，隋唐时达到高潮，并传入日本，明清时期出现第三个高峰，19世纪传入欧美各国。

围棋，三百枯棋，一方木枰，却以其丰富的魅力和无穷的象征力，吸引着形形色色的崇拜者：文人雅士之间作为一种文采的补充，倜傥风流、逸情雅趣，体现着文人的风度气韵；哲人从中看到世界的本源；礼佛者从中看到了禅……

《世本·作篇》曰"尧造围棋，丹朱善之"。晋张华曰："尧造围棋以教子丹朱。"[1]以培养品格、端正礼仪、训练思维、修身养性。围棋有宣泄、调适、娱乐的功能。

图4-137围棋四周彩带飘飘，图4-138围棋盘在蔓草梅花之间，图4-139棋盘周围饰以海棠如意云纹。

① (晋) 张华：《博物志》。

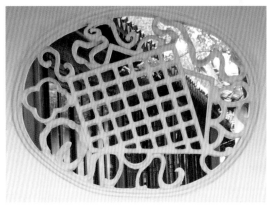

图4-136 围棋（陈御史花园）　　图4-137 围棋（虹饮山房）
图4-138 围棋（狮子林）　　　　图4-139 围棋（沧浪亭）

图 4-136	图 4-137
图 4-138	图 4-139

3. 函装线书

"卓荦观群书""从容养余日"，这是吴中文人生活情趣的真实写照。苏州园林是吴中文人雅集的场所，也是他们读书吟赏、挥毫命素的地方。"左壁观图右壁观史"，园林主人为博达古今之士，嗜书好学，室内周围都是图书。《新唐书·杨绾传》曰："（绾）性沈靖，独处一室，左右图史，凝尘满席，澹如也。"图4-140书函置彩带之中，图4-141线装书周蔓草舒卷，书香传代。

图 4-140

图 4-141 | 图 4-142

图 4-140
书（虹饮山房）

图 4-141
书（陈御史花园）

图 4-142
书（狮子林）

第四章　器物图案

画，指中国水墨画，代表文人王维。绘画艺术自唐代王维融入园林，宋后文人，大多兼擅诗、书、画，自元明以来，诗画印写于一幅，大批画家参与园林构划，山水画的散点透视的动态连续画法，园林艺术组景则参照了山水画的构图落幅原则。萌芽于六朝、确立于元代的文人画，强调胸次，趣味，投注于内在、自足的，私秘化和超越性的审美境界。与园林构图和审美价值趋向完美结合，园林画境又成为画家的无上粉本和歌咏题材，"江馆清秋，晨早看竹，烟光、日影、露气皆浮动于疏枝密叶之间，胸中勃勃遂有画意。"[①] 有形画、无形诗，相互映发，成为中国园林画的独特风格。

中国文人画是作为对"官"与"禄"表示轻蔑和反感、追求自然美、追求孤高淡泊的生活理想和人格理想的艺术。它着意表现画者本人的思想感情，强调情感志趣的寄托。

图 4-143 银锭形外框内，画卷涵泳在夔纹之中；图 4-144 画卷旁彩带飞舞，增添美感。

① (清) 郑板桥:《画竹》。

图 4-143	
图 4-144	图 4-145

图 4-143
画（狮子林）

图 4-144
画（虹饮山房）

图 4-145
画（陈御史花园）

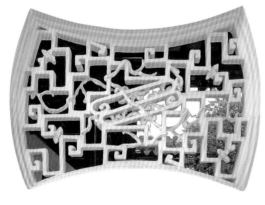

三、折扇

　　中国的折扇乃北宋时源自日本、琉球和朝鲜的贡物，发明自日本，故又称"倭扇"，"倭初无扇，因见蝙蝠之形，始作扇，称蝙蝠扇。宋端拱间曾进此。"[①]扇形的潇洒儒雅，扇扬仁风和蝙蝠的福、寿意象等，铸合成折扇的文化意蕴。

　　折扇窗内纹样各异：图4-146以圆纹为头，似四蝙蝠纹；图4-147则饰绦环，有福善代代相传之意；图4-148扇面中为八角纹，左右嵌如意头纹，上下形如展翅板斧纹；图4-149卍字围折扇纹；图4-150折扇四周饰以荷瓣等曲线纹和几何纹，增加观赏性。

① （明）郑舜功：《日本一鉴·穷河话海》卷二。

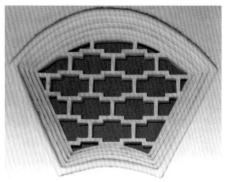

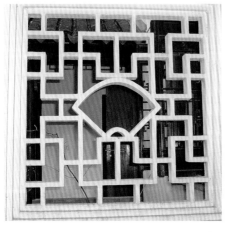

图4-146	图4-147
图4-148	
图4-149	图4-150

图4-146　折扇（沧浪亭）
图4-147　折扇（环秀山庄）
图4-148　折扇（鹤园）
图4-149　折扇（怡园）
图4-150　折扇（西园）

第五章

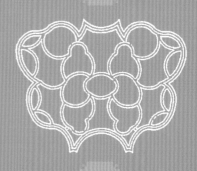

文字图案

汉字崇拜同样源于初民的万物有灵信仰，对汉字的崇拜是伴随着文字的产生而产生的，并与语音崇拜、巫术活动、图腾崇拜密切关联。在花窗图案中人们用文字直接表达对生活的祝愿和对幸福的憧憬，"福禄寿喜财"五字全面传达出人们对幸福、升官、长寿、喜庆、发财五个方面的人生希望，但公开言"升官""发财"未免太俗，苏州园林花窗文字图案一般不大用"禄""财"等字，多用"福寿囍"和十字纹等，更辟雅致的诗窗长廊，诗意氤氲，别开生面。

中国自古书画同源，中国文字形美、音美和义美三美兼具。花窗线条洒脱、优雅，曲线柔美，形式和谐、匀称，疏密有致。花窗文字大多形式多变，线条简化，如绘画的速写，有神似之妙，并镶嵌着各式吉祥花卉图纹，更添形式上的美观。

第一节

福、寿、囍

一、福

我国古代崇尚"福"，"福"是人生幸福美满、称心如意、升官发财、长命百岁等的总概念。

《韩非子》："全寿富贵之谓福"；《礼记·祭统》："福者，备也。备者，百顺之名也，无所不顺者之谓备"，即富贵、安宁、长寿、如意、吉庆等完备美满之意。

花窗以"福"字为中心，或在四角隅嵌海棠，寓意满堂福（见图5-1）；或在正中海棠镶"福"字（见图5-2），四角隅嵌如意，寓意满堂幸福、如意。

图5-1 福、海棠（沧浪亭）

图 5-2
海棠镶福、嵌如
意（燕园）

二、寿

"五福"以寿为首、为核心，其他均寓于"寿"字之中。体现了中华先人对生命的关注和强烈的生命意识。

长寿自古是中国人梦寐以求的。寿字的各种写法与形状也独自成为一种吉祥纹样。清代钱曾的《读书求敏记》中，载有百寿字图一卷，即网罗了寿的各种字体。寿字还常和其他纹样组合，构成寓意吉祥的图案。

花窗"寿"字也高度图案化，寿字的字头往往加工为如意头，有中心一个圆形寿称"圆寿"，四方形的称"长寿"，还有左右双寿、多个寿字，饰以夔纹、卍纹，嵌蝶纹、蝙蝠纹、海棠、如意、牡丹、橄榄，组成阖家如意长寿、富贵长寿、福寿万代、五福捧寿、长春寿字、多福多寿、福寿双全等吉祥寓意。图5-3龟纹套圆寿，龟纹象征着长寿，强化了寿的意蕴。图5-4圆寿左右嵌银锭，具有富贵必定之意。图5-5圆寿四周嵌十海棠，有春常在和十世同堂的吉祥意。图5-6圆寿周围都是如意云纹。图5-9五个角各有一寿字，五边嵌一蝙蝠，五寿五福捧圆寿。

有的寿字因图案化而显得与文字"寿"相差甚多，如图5-10海棠纹寿，周以夔纹。图5-11寿字左右芝花海棠。图5-12以寿字为中心，两旁饰以形似蝙蝠纹的曲线。图5-13龟背纹连上下夔钉组成"寿"，四海棠围合。图5-14四蝙蝠纹捧寿，嵌海棠花，有的寿字比较明晰。图5-15寿字在上，四角护以卍字，下为花瓶，左右贝叶，十分别致。

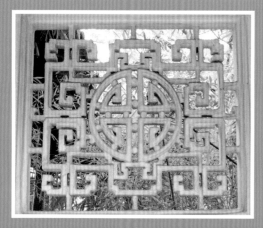

图5-3　夔纹龟纹套圆寿（沧浪亭）　　图5-4　夔纹圆寿（沧浪亭）

图5-5　夔纹圆寿嵌十海棠（怡园）　　图5-6　四方套圆寿如意（拙政园）

图5-7　夔纹捧圆寿（拙政园）　　图5-8　夔纹捧圆寿（拙政园）

图5-3	图5-4
图5-5	图5-6
图5-7	图5-8

第五章 文字图案

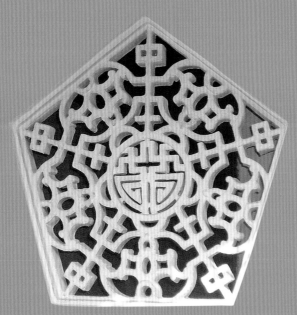

图 5-9
五角套五蝠捧五寿圆寿（狮子林）

图 5-10
夔纹嵌海棠寿（沧浪亭）

图 5-11
芝花海棠寿（沧浪亭）

图 5-12
蝙蝠海棠寿（常熟）

图 5-13
龟背如意四海棠寿（沧浪亭）

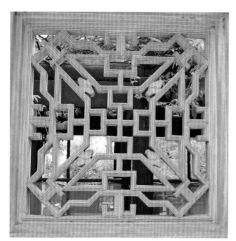

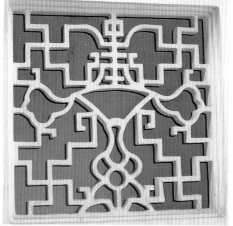

图 5-14　蝙蝠海棠寿（虎丘）　　　　　图 5-15　花瓶、卍寿（虎丘）

　　图 5-16 夔纹围龟纹寿和图 5-20 的龟纹寿都比较抽象。图 5-17 四牡丹围亚形寿和图 5-19 花枝形寿、图 5-21 蝶纹海棠寿都别出心裁。图 5-18 海棠寿，左右嵌有两蝙蝠纹。

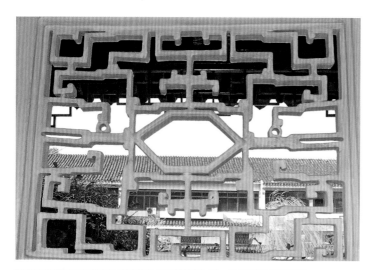

图 5-16	
图 5-17	图 5-18

图 5-16
橄榄夔纹寿（沧浪亭）

图 5-17
牡丹围寿（狮子林）

图 5-18
蝙蝠海棠寿（网师园）

图 5-19 | 图 5-20

图 5-21

图 5-19
寿（西园）

图 5-20
橄榄寿（怡园）

图 5-21
蝶纹海棠寿（艺圃）

　　图 5-22 四蝙蝠如意头捧寿，构图美观，四边如意头中嵌饰有蔓草。图 5-23 蝶捧寿，卍字四围，也颇为雅致。图 5-24 以套方海棠为中心，左右为海棠寿，上下都饰有银锭。图 5-25 与图 5-24 略似，图案稍简化。图 5-26 亦为左右双寿字。三图构思相似，但组图上有一定变化。

　　图 5-27、图 5-29 和图 5-30 都是左右双寿，图案略异。其中：图 5-27 比较简洁，中心海棠纹，左右嵌如意头；图 5-29 如意海棠双寿，中心为龟背银锭纹；图 5-30 左右双寿，无嵌饰。图 5-28 主纹为斗方套海棠，四角分嵌四寿字，和图 5-32 略似，不同的是寿字一正一斜，斗方一小一大。图 5-31 有五朵如意纹及如意头纹，每一海棠纹即有一寿字。

图 5-22　蝙蝠如意捧寿（拙政园）　　　图 5-23　双蝶纹捧万寿（拙政园）

图 5-24　夔穿海棠双寿（沧浪亭）　　　图 5-25　夔穿海棠双寿（沧浪亭）

图 5-26　海棠如意寿（沧浪亭）　　　　图 5-27　海棠寿（留园）

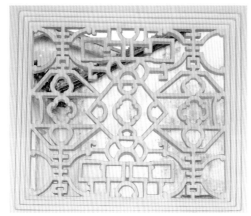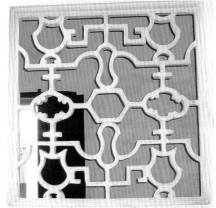

图 5-28	图 5-29
图 5-30	图 5-31
图 5-32	

图 5-28　如意海棠寿（沧浪亭）

图 5-29　如意海棠寿（狮子林）

图 5-30　双寿（沧浪亭）

图 5-31　如意海棠寿（艺圃）

图 5-32　如意海棠四寿（拙政园）

三、喜、囍

　　古人以久旱逢甘露，他乡遇故知，洞房花烛夜，金榜题名时喻人生四大乐事，总希望喜事连连，双喜临门。囍字包含了喜悦和开心，本来是个吉祥图案，关于囍字的来源传说最多的是北宋改革家、宰相王安石。王安石从小才华横溢，相传他在前往考试途中，路过一小镇，见到镇上马员外家出了一副求婚的对联出句:"走马灯,灯马走,灯熄马停步",要求有才学的人替他对对句。王安石因急着赶考,所以未予理会。事有凑巧,王安石考完试后,考试官以厅前的飞虎旗作为题目考他,考试官出了下联,要王安石对出上联,下联是:"飞虎旗,旗虎飞,旗卷虎藏身。"考试过后,王安石来到马员外家,便以"飞虎旗"为下联对上联"走马灯"。员外十分高兴,便将女儿嫁给了他。就在成亲当天,王安石接到金榜题名的喜讯,喜上加喜,就写了一个大红双喜字贴在门上,吟道:"巧对联成双喜歌,马灯飞虎结丝罗。"

一说乃名叫有喜的读书人的事,不过与他成婚的员外女儿名喜凤;又传乃明代浙江杭州方秀才的事。但相

图 5-33 喜(拙政园)

同点都是洞房花烛夜,金榜题名时,喜上加喜。民间每逢结婚都要贴上囍字。

花窗嵌的囍字,或镶上蝙蝠纹,寓意幸福双喜;或嵌如意头,寓意喜庆如意等。

图 5-33 为单一"喜"字;图 5-35 ~ 图 5-37 都为双喜,只是嵌饰图纹不同,图 5-34 双喜两侧有蝙蝠纹,图 5-35 则嵌如意头纹,图 5-36 双喜置在套方中的海棠纹中,套方外是如意云纹,图 5-37 则纯为双喜。

图 5-34 囍蝙蝠纹(沧浪亭)

图 5-35 囍如意(拙政园)

图 5-36　套方如意海棠嵌囍（拙政园）

图 5-37　囍（拙政园）

第二节

诗窗

图 5-38~图 5-46 是退思园内园九曲围廊上的诗窗"清风明月不须一钱买"，分别镶嵌在廊壁间的九个图案雅致的漏窗中心，周围饰以如意、寿字纹、龟背纹、海棠花、卍纹等吉祥纹样。诗句取意唐代李白《襄阳歌》："清风朗月不须一钱买，玉山自倒非人推。""清风朗月"指自然美景，"玉山"指人身，李白此诗化用了晋代嵇康醉倒后"如玉山将倒"的风度之典故。这条九曲围廊，环池而筑，正是赏景的游览线，漫步在这条透迤的修廊间，水园内外之景，应接不暇，步移景换，恰似

图 5-38　清（退思园）

欣赏山水画卷。题额流畅自然，不见斧凿之痕，却将园中山水美景的熏陶效果，做了淋漓尽致的形容：美得让人陶醉，犹如喝了高醇度的美酒一样，使人醉倒不起。

九字诗窗文字周围嵌饰的图纹各异，有如意头（见图 5-38）、几何纹（见图 5-39）、如意云纹（见图 5-40）、龟背纹（见图 5-41）、海棠纹（见图 5-42）、卍字纹（见图 5-43）、几何菱形纹（见图 5-44）、夔纹（见图 5-45）和直线串圆纹（见图 5-46）等，无一雷同，极富观赏性。

图 5-39　风（退思园）

图 5-40　明（退思园）

图 5-41　月（退思园）

图 5-42　不（退思园）

图 5-43　须（退思园）

图 5-44　一（退思园）

图 5-45　钱（退思园）

图 5-46　买（退思园）

第三节

"十"字纹、"亞"字纹花窗

"十"字纹及其变形图案在世界各民族中，曾被普遍使用。据我国考古发现，在新石器时期的众多文化遗址中，"十"字纹形状十分普遍，十字及其变体纹样或符号包含了多种象征含义。

我国已故著名学者丁山认为十字是太阳神的象征，"十"字象征着太阳神，这种象征具有普遍性。世界其他各地民族中均有十字日神的例证。纹章学家认为，"十""卐"均象征太阳神。

"十"字纹的所有边长都相等，它给人以平衡感。平衡理念最具代表性的象征就成了"十"字纹，因而它在古代的象征图形中出现的频率最高。

在许多不同的传统文化中，十字形都是作为宇宙的象征：它垂直的线条代表精神、男性，它水平的线条代表大地、女性，而十字形中间的交点则代表天与地的结合。十字形本身又是人类联合统一的象征。

也有人认为："十"字纹体现了最原始最简洁的意义：十字是阳光四射的简化符号形式，代表东、南、西、北四个方向，它与昼夜及四季更替有着直接的关系。

在佛教的教义中，"十"字是完满具足的意思。"十方"指的是东、西、南、北、东南、西南、东北、西北、上、下十个方位。唐太宗在《三藏圣教·序》中写道："弘济万品，典御十方。"

图 5-47　长方形嵌十字（环秀山庄）

图 5-48　菱形套亞字嵌海棠如意（网师园）

中国远古时代的"亞"形与"十"无异不二。"亞"（"十"）居世界之中心，乃一象征符号。"亞"（"十"）象征着至上神权与世俗权力，生命之肇始、本根，生命循环创造之过程，沟通天地人之工具，也即沟通天堂、地狱、人间之世界轴心所在。

十字纹、亞字纹花窗中角隅镶嵌海棠纹，既打破了直线的单调，还叠加了阖家如意、吉祥的寓意。

图 5-49 十字如意头（沧浪亭）　　　　　图 5-50 亞形如意头（网师园）

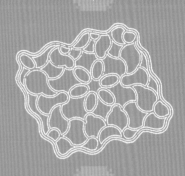

第六章

吉祥组合图案

本章组合图案，都属于堆塑漏窗，即以纸筋灰浆为主材塑成的漏窗，边框与搭砌窗相似，中间的图案以铁丝等构成骨架，再以纸筋灰浆多层粉塑成。大致有两种以上的植物组合和动植物组合。

第一节

吉祥植物组合

吉祥植物组合图案都是虎丘万景山庄盆景园的堆塑漏窗，图案是盆景和植物的组图。盆景有以松柏、枫等树木为主要材料的树桩盆景和以山石或山石代用物为主要材料的水石盆景两类。树桩盆景在盆钵中表现旷野巨木葱茂的大树景象，图 6-2、图 6-4 为松树庄盆景；水石盆景"缩名山大川为袖珍"，是自然美与艺术美巧妙结合的艺术结晶。盆景造型与松、竹、枫、梅花等花卉植物组合成涵蕴丰富、视觉美观的画面，与盆景园景水乳交融。

图 6-1 是竹松和水石盆景组合图案，竹、松、石称"岁寒三友"，唐代元结《丐论》："古人乡无君子，则与云山为友；里无君子，则与松竹为友；座无君子，则与琴酒为友。"南宋辛弃疾《鹧鸪天·博山寺作》中有"一松一竹真朋友，山鸟山花好弟兄"句，苍松层叠盘郁，遒劲刚毅，翠竹清秀潇洒、虚心有节，人们欣赏这些植物的自然美，进而赋予它社会内涵，把心灵和人格投射、融会到这些自然物中去，凝聚为艺术形象，借以咏志抒情。

图 6-1　岁寒三友——竹、松、石（虎丘）　图 6-2　松、树桩盆景、竹子（虎丘）

图 6-3　松、兰花（狮子林）　　　　　　　图 6-4　松、树桩盆景、梅花（虎丘）

图 6-5　水石盆景、枫树（虎丘）

第二节

动植物组合

祥禽瑞兽和花卉植物组合成吉祥图案。

一、凤戏牡丹

古称"凤凰,火之精,生丹穴",是由火、太阳和各种鸟复合而成的氏族图腾——部族的徽识,体现出中华先民太阳崇拜的原始文化心理。

迄今发现的最早的凤凰图案距今约有 7400 年,那是两只飞翔的神鸟凤凰。唐代的凤凰集丹凤、朱雀、青鸾、白凤等凤鸟家族与百鸟华彩于一体,终成鸟中之王。今天所见的凤凰形象是:锦鸡头、鸳鸯身、鹦鹉嘴、大鹏翅、孔雀尾、仙鹤足,居百鸟之首,五彩斑斓,仪态万方。雍容华贵,伟岸英武,是至真、至善、至美与和平的象征。凤凰也是至德的象征:凤凰的身体为"仁义礼德信"五种美德的象征:首戴德,颈揭义,背负仁,心入信,翼挟义,足履正,尾系武,成为圣德之人的化身。自歌自舞,见则天下大安宁。故为"仁鸟"祥瑞之禽。

图 6-6
凤戏牡丹(虹饮山房)

由于唐武则天自比于凤，并匹以帝王之龙，自此，凤成为龙的雌性配偶，封建皇朝最高贵女性的代表，又由于凤凰集众美于一体，象征美好与和平，是吉祥幸福美丽的化身，因此，凤凰美丽的身影在民间图绘中获得永恒的生命力。

凤凰与具有"花王""富贵花"之称的牡丹组合，象征幸福富贵之极，寓意着人生好事不断。

二、骑象（吉祥）

象，哺乳动物，体大力壮，体高约三米，鼻长筒形，能蜷曲。门齿发达。寿命可长达二百余年，大象性情温和柔顺，传说古代圣王舜曾驯象犁地耕田，行为端正，知恩必报，与人一样有羞耻感，常负重远行，曾被称为兽中有德者。传为摇光之星散开而生成，能兆灵瑞，只有在人君自养有节时，灵象才出现。佛教中，六牙白象传为佛祖的坐骑，瑞兽之一。

图6-7 骑象（吉祥）如意（虹饮山房）

象字与"祥"谐音，骑与"吉"谐音，童子骑象，手持"如意"，称"吉祥如意"。

三、鹤鹿松

1. 六合（鹿鹤）同春

鹤，在中国文化中被视为"仙鹤"，因生活在沼泽或浅水地带，有"湿地之神"的美称。丹顶鹤性情高雅，洁白素净，纤尘不染，形态超俗，鸣声清亮，"清音迎晓日，愁思立寒蒲。丹顶西施颊，霜毛四皓须"[1]，即鹤的神姿仙态。

鹤"朝戏于芝田，夕饮乎瑶池"[2]，故长与神仙为俦，或为仙人的坐骑。《淮南子》有"鹤千年，龟万年"之说。鹤成为中国长生不老的象征。上古的人们就赋予鹤以使亡灵升天投胎转世等神秘功能。

鹤喜欢栖息在涤尽繁器的深谷、小渚，有隐逸的象征。加上宋代隐士林逋"梅妻鹤子"的故事，鹤就与山林逸士联系在一起。

---

① （唐）杜牧：《鹤》。

② （唐）鲍照：《舞鹤经》。

鹿为鹿科动物的通称，世界上共有17属、38种，我国占10属、18种，如麋鹿、梅花鹿、马鹿、白唇鹿、麝等，是园林中著名的人文动物和传统的祥瑞动物，具有十分丰富的文化含义。[①]

鹿在民俗文化中被广泛地作为长寿的瑞兽。《宋书》曰："虎鹿皆寿千岁，满五百岁者，其毛色白，以寿五百岁者，即能变化。"为长寿仙兽。传说鹿与鹤一起卫护灵芝仙草。

鹿鹤都为长寿瑞兽，鹿鹤与六合（即天地东西南北四方）谐音，梧桐与"同"谐音，组成一幅寓意为"普天之下、太平盛世"的吉祥画。

① 参曹林娣：《说鹿》，见《艺苑》2006年第9期。

2. 松鹤延年

松柏在中国文化中历来被视为"百木之长"，具有耐寒的特征，松柏严冬不脱叶，依然郁郁葱葱，孔子曾赞之："岁寒然后知松柏之后凋也。"松柏这类四季长青、寿命极长的树木被古人称为"神木"。张衡《西京赋》曰："神木草，朱实离离。"《文选》注曰："神木，松柏灵寿之属。"鹤为长寿之鸟，松鹤组图为延年长寿。

图 6-8 鹤鹿同春（虹饮山房）

3. 松鹿长春

松为灵寿之属，鹿寿千岁，松鹿象征长寿永年。

图 6-9 松鹤延年（虹饮山房）

图 6-10 松鹿长春（虹饮山房）

四、鱼、鸳鸯、喜鹊、莲、梅花、葡萄

1. 鱼戏莲叶

鱼很早就被先民视为具有神秘再生力与变化力的神圣动物，象征多子。"莲"与"连"谐音，与鱼在一起，就有连得贵子之意。"鱼"与"余"同音，比喻富余、吉庆和幸运。"鱼"与"玉"的同音指"玉"；"金鱼"与"金玉"谐音，鱼穿行在莲叶间，既有金玉满堂，富贵有余之意，也因莲花象征着操守端正、处事沉着、婚姻美满、子嗣昌盛。

2. 鸳鸯戏水

鸳鸯是一种小型野鸭，素以"世界上最美丽的水禽"著称于世。雄鸳鸯的头上有红色和蓝绿色的羽冠。面部有白色眉纹，喉部是金黄色，颈部和胸部都是紫蓝色，两侧黑白交错，嘴鲜红，脚鲜黄，可称得上集美色于一体。雌鸳鸯一身深褐色的羽毛，朴实无华，则有利于传种生育。鸳鸯往往是"止则相耦，飞则成双"。古人误以为是终身相匹之禽，称之为匹鸟，在民间传说中，鸳鸯还是"痴情"的象征，用以象征情侣和忠贞不二的爱情，因此鸳鸯又称"爱情鸟"。由此，鸳鸯在荷池中顾盼游戏则为鸳鸯戏荷（莲），寓意夫妻和谐幸福、婚姻美好。

实际上，鸳鸯平时没有固定的配偶关系，雌鸳鸯繁殖产卵、抚育幼雏，雄鸟并不过问，即使有一方死亡，另一方也不会"守节"，而会另寻新欢。

3. 喜鹊登梅

喜鹊，雀形目，鸦科，鹊属，又名飞驳鸟、干鹊、客鹊、鹊鸟、神女。

图 6-11　鱼戏莲叶间（虹饮山房）　　　　图 6-12　鸳鸯嬉水（虹饮山房）

旧本题师旷撰、晋代张华注的《禽经》载："灵鹊兆喜。鹊噪则喜生。"又载喜鹊："仰鸣则阴，俯鸣则雨，人闻其声则喜。"《淮南子·氾论训》曰：蟗"干鹊，鹊地，人将有来客，优喜之徵则鸣。"《西京杂记》曰："干鹊噪而行人至。"王仁裕《开元天宝遗事》："时人之家，闻鹊声，皆为喜兆，故谓之灵鹊报喜。"宋代欧阳修有诗赞曰："鲜鲜毛羽耀明辉，红粉墙头绿树林。日暖风轻言语软，应将喜报主人知。"

于是，喜鹊在中国成为一种报喜的吉祥鸟，鹊鸣兆喜、灵鹊报喜、鹊噪客至，甚至"今朝听声喜，家信必应归"，是喜庆、吉祥、好运的象征。故此鸟也冠名"喜"字，传说中还让它为牛郎织女于七夕在天河上搭起鹊桥，使夫妇相会。

梅开百花之先，是报春的花。所以喜鹊立于梅梢，即将梅花与喜事连在一起，表示喜上眉梢、双喜临门。

4. 双喜鹊梅花、葡萄

梅花为吉祥花，梅开五瓣，象征五福；葡萄象征多子，双喜上眉梢，多子多福。

图 6-13 | 图 6-14
图 6-15

图 6-13 双喜登梅（虹饮山房）
图 6-14 喜鹊登梅（虹饮山房）
图 6-15 双喜鹊梅花、葡萄（虹饮山房）

　　花窗，在中国传统园林建筑中一种满格的装饰性透空窗，外观为不封闭的空窗，窗洞内装饰着各种漏空图案，透过漏窗可隐约看到窗外景物。计成称之为"漏砖墙"或"漏明墙"，苏州、上海一带也称"花墙洞"，因为此类窗隔而不绝、遮而不蔽，在空间上可以"透风漏月"，也称"透漏窗"，俗称花墙头、漏花窗、漏窗。

　　花窗是中国园林建筑中独特的建筑形式，也是构成园林风景的一种建筑艺术处理工艺。

　　根据制作花窗的材料不同，花窗的形式可分为砖瓦木搭砌漏窗、砖细漏窗、堆塑漏窗、钢网水泥砂浆筑粉漏窗。

　　砖瓦木搭砌漏窗为传统做法，一般用望砖作为边框，窗芯用选板瓦、筒瓦、木片、竹筋（或铁片、铁条）等，各构件之间以麻丝纸筋灰浆黏结，使之成为一体，其顶部设置过梁；"纸筋灰"是一种用草或者是纤维物质加工成浆状，按比例均匀地拌入抹灰砂浆内，作用于防止墙体抹灰层裂缝，增加灰浆连接强度和稠度。

　　砖细漏窗也为传统做法，由砖细构件构成，其节点传统上以油灰为黏结材料，又称玻璃腻子。以少量的黏结剂（桐油等）和大量体质填料经充分混合而成的黏稠材料。必要时或有可能适当以竹肖、木肖、钢丝等黏结各构件。

　　苏州香山帮将砖瓦木加工搭砌而成的漏窗和工艺复杂的砖细漏窗称清水漏窗，乃传统的制作式样。为数很少的堆塑漏窗是在壁洞内以纸筋灰浆为主材塑成花草、树木、鸟兽等画面的壁窗。

　　今常用的是钢网水泥砂浆筑粉漏窗。水泥砂浆是由水泥和沙子按一定比例混合搅拌而成的，它可以配制强度较高的砂浆。钢丝网漏窗则以钢丝网、钢筋、水泥作主要骨架，然后对面层粉刷修饰，其外框混凝土质为多。具有材料来源方便，图案变化不受材料制约，制成后比较牢固等优点。

　　堆塑漏窗的边框与搭式漏窗相似，其中间的图案以铁丝等构成骨架，再以纸筋灰浆多层粉成，为传统做法。今以砖瓦等为骨架用纸筋、

泥塑花窗

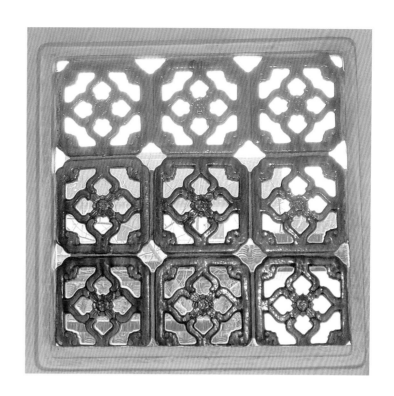

烧制的花窗

水泥砂浆粉刷而成的混合砂浆，是指用水泥作胶凝材料，沙、石作集料，与水按一定比例配合，经搅拌、成型、养护而得的水泥混凝土，称混水或泥塑漏窗。

由于水泥早期来源于火山灰。水泥的相关技术知识于 18 世纪由法国和英国工程师们正式发展。1756～1759 年，约翰·斯密顿（John Smeaton）用水泥在英国制造了灯塔，水泥的应用开始受到重视。在 1900 年万国博览会上展示了钢筋混凝土，从此在建材领域引起了一场革命。所以，混水或泥塑花窗 20 世纪才开始出现。

烧制花窗用琉璃材料制作，是近代工艺，图案色彩都很单调。苏州园林很少采用，仅狮子林西侧山上的走廊上有少数几处。

花窗通过窗芯的弯曲变化，形成了不同的图案，从大处区分，可分为硬景和软景。

硬景是指其窗芯线条都为直线，把整宕花窗分成若干块有角的几何图形，线条棱角分明，顺直挺拔。砖细漏窗硬景较多，有的以直线条形成的，也有的以大块砖细件雕刻而成。

软景是指窗芯呈弯曲状，由此组成的图形无明显的转达角，线条曲折迂回。泥塑漏窗以软景为主，图案一般以吉祥物为主题。

在构图上，以直线组成的图案较为简洁大方，曲线图案较为生动活泼，因此，很多花窗软硬景组合运用，也就是直线与曲线组合，通常以一种线条为主。直线和曲线都避免过于短促或细长，以免产生笨拙、纤弱和凌乱的感觉。

第一节

混水花窗的传统制作工艺

混水花窗分象形混水软景和硬景两类。

一、混水软景花窗制作工艺

（一）象形混水软景花窗（如蝴蝶、龙样、蝙蝠）

象形混水软景花窗制作步骤如下。

（1）工具准备。如线锤、兜方尺、三角直尺（每面宽为望砖厚度加粉刷层，在1.8～2.2厘米）、弯尺（按各种筒瓦、板瓦断面制作，尺宽1.8～2.2厘米）等。

（2）制作木框，木框内净尺寸为漏窗芯外形，在木框内铺上沙待用。

（3）根据漏窗窗芯图案准备材料，把蝴蝶瓦、各种规格的筒瓦、望砖，锯成5～8厘米的条状（尺寸按墙厚调整）。

（4）在木框内（沙盘内）按图拼搭成型，待用。

（5）在墙面预留洞内划出"衬墙"位置，砌"单吊墙"，用纸筋粉平，弹米字格，砌镶边，边架芯子，自下而上，把沙盘内排好的砖瓦一块一块砌到预留洞内，瓦与瓦、瓦与砖节点采用水泥纸筋加麻丝加固，提高整体性，砌好2～3天后，拆除"单吊墙"，然后2人各一面配合粉刷。

按图拼搭成型的沙盘内

（二）普通混水软景漏窗的传统制作

（1）工具同上。

（2）在墙面预留洞内划出"衬墙"位置，砌"单吊墙"，用纸筋粉平，划出芯子外框线及米字格，参考图纸用准备好的直尺、弯尺放样。

（3）根据放好的图样，砌镶边，边架芯子，瓦与瓦（瓦与砖）节点采用麻丝和纸筋固定，砌好 2～3 天后，拆除"单吊墙"，然后 2 人各一面配合粉刷。硬景漏窗亦可用木板钉搭而成，粉刷前以麻绳纸筋打底，防止粉刷层脱落。

二、软硬景混水花窗的制作工艺

软硬景混水花窗，是采用以铅丝网为骨架、外加钢筋混凝土框的施工工艺，以提高花窗整体性，便于规模化制作，同时解决运输过程中的损坏。

具体实施方法如下。

（1）制作作台。作台大小：能够放 2～3 只花窗，作台面板厚 4 厘米、高 75 厘米、宽比花窗每边宽出 10 厘米。

（2）定芯子。看面尺寸一般在 1.8～2.2 厘米，利用墙厚控制进深尺寸。

（3）制作弯尺、角尺。弯尺一般按各种筒瓦制作。

（4）在作台上铺上夹板或油毡。

（5）在夹板或油毡上放样。画出芯子外框线、花窗的中心线（硬景），打好米字格（软景）。

（6）用专用弯尺、三角直尺放样。按图放 1：1 大样图，一般在油毡上按粉笔放样，要求较高的用铅笔在夹板上放样；放好样后，按图检查，是否有漏画芯条。

（7）描出芯子中心线，靠近芯子的第一路线脚的中心线。

（8）芯子骨架制作。铅丝网两层，格对格折叠压平，网格尺寸约 0.8 厘米，碰焊铅丝网（孔径 10 毫米）。

（9）偏重钉钉，依钉弯铅丝网，节点用铅丝绑扎固定。

（10）用 1：2 水泥砂浆粉糙，糙芯看面 1.2 厘米，3～4 天后起钉、清理后放于"作凳"上，2 人配合粉刷，要求芯子横平、竖直，表面平整，芯子看面厚薄一致，水塘大小合理，芯条上下面平整、口角整齐。

（11）制作钢筋混凝土外框，进深同墙面，内加镶边一起浇作。

（12）安装花窗。待花窗半成品及钢筋混凝土外框达到要求强度后，在预留洞上标出需要的标高，砌底边、镶边，把粉好的半成品花窗安装在预留洞内的镶边上，框、花窗需横平竖直，花窗看面与墙面平行，然后砌侧面镶边、顶面镶边。框看面平行。

（13）镶边粉刷。镶边看面尺寸同窗芯尺寸，进深尺寸除漏窗进深尺寸外，一般两边均分。

花窗外框可采用钢筋混凝土制作，以增加花窗的整体性。

三、泥塑花窗的制作工艺

（1）扎骨架。用钢筋、铁丝，按图样扭成飞禽走兽、龙凤、藤径、花草造型的骨架。主骨架需与墙体结合牢固。

（2）刮草坯。用水泥纸筋塑出的龙凤、藤径初步造型，打糙用的水泥纸筋中的纸脚可用粗一些，每堆一层需绕一层麻丝或铁丝，以免豁裂、脱壳，影响漏窗寿命。

（3）细塑、压光。用铁皮条形溜子按图精心细塑，忌操之过急。水泥纸筋中的线脚可细一些，水泥纸筋一定要捣到本身具有黏性和可塑性后才可使用。压实是关键，用黄杨木或牛骨制成的条形，头如大拇指的溜子把人物或动物表面压实抹光，抹压到没有溜子印，发光为止。

第二节

清水花窗的制作工艺

清水花窗又称砖细花窗，是用方砖或瓦片加工后拼砌而成。清水花窗有软硬景、藤径等各种图案。

一、清水软景花窗的制作工艺

（1）砖料加工。砖料需双面加工，砖料平整兜方，侧面和正面各为90°，如需数块拼接，可先用胶水胶合，拼接需平整，砖料厚度按要求，可用方砖或金砖。

（2）放样。放1:1漏窗大样图。把1:1漏窗图样贴在砖料上。

（3）雕刻。在水塘（不用部分）内打眼，采用拉弓机去除多余部分。第一路镶边和芯条整体雕刻成形。

（4）侧面、看面加工。侧面打磨去锯痕，看面起竹片浑、圆木角等线脚。

（5）镶边制作。镶边用方砖锯条（片），看面宽度同芯条，进深尺寸按各路线脚要求尺寸。

（6）安装。先安装底口镶边、窗芯、侧壁、顶面镶边，数路镶边找接宜在同一位置，给人以整洁的感觉。

（7）补、磨。灰缝清理，高低打磨，口角、"喜蛛窟"补修。

二、清水硬景花窗的制作工艺

（1）绘样、摘料。根据漏窗 1：1 图样，摘取所需窗芯的长短、根数。

（2）砖料加工。砖料双面加工，按要求尺寸切砖片，加工看面、节点，表面补磨。

（3）拼装。节点用专用胶胶合，芯条和镶边节点用榫头连接。

（4）补、磨。灰缝清理、高低打磨，口角、"喜蛛窟"补修。

花窗多有一圈清水磨砖的边框，明式做法起 2～3 条线脚，形成的"子口"柔和幽雅。

第三节

花窗在园林中的配置

花窗是苏州园林一道亮丽的风景线，花窗高度多与人眼视线相平，下框离地面一般约 1.3 米。也有专为采光、通风和装饰用的花窗，离地面较高，如拙政园东部住宅。

苏州园林建筑多以曲廊相连，有可以双面观景的复廊、爬山廊、空廊等，类型丰富，廊墙上辟成排漏窗，既美化了墙面，又增加了景深，且通风采光。如沧浪亭、怡园的复廊、留园七百米长廊，都辟有一孔孔花窗。留园经过曲折的入口廊后，到"长留天地间"门宕，看到花窗将中部之景隔开，挡住了游人的视线，增加了景深，使人顿生"庭园深深深几许"的意境。

苏州园林营造遵循的是有法无式的艺术原则，为避免审美疲劳，十分忌讳在同一园林中出现相同的花窗。仅沧浪亭一处小园，就有花窗 108 式，其艺术之精湛、文化内涵之丰富，堪称天下一绝。

专为采光、通风和装饰用的高处花窗

留园入口花窗

　　园林花窗还忌讳泄景。计成在《园冶》称"凡漏窗有观眺处筑斯，似避外隐内之义"。避外隐内是原则。花窗多设置在园林内部的分隔墙面，以长廊和半通透的庭院为多，因此，园林外围墙上不辟花窗。

　　如果花窗辟在园林外围墙上，势将园内清幽外泄，把外面尘嚣内渗，无异佛头着粪，且影响私密性和安全性。

　　为了增强外围墙的内部观赏功能，可以在围墙内侧做漏窗处理，实际上并不透空，外部仍为普通墙面。

　　花窗具有透风漏月的功效，所以也不可滥用，如厕所墙上就不适合辟花窗了！

外部不通透的花窗（狮子林）

这类花窗图案都以某一内容为中心构图，有圆形、菱形、菱花形、鹅子形、如意银锭、近似亞形等，四角隅嵌入如意头、花瓣等图案，上下左右另置对称图案，构成匀称、优美的形式美。但其指称意义已经难以确定。

附图 1　花窗（虎丘）

附图 2　花窗（虎丘）

附图 3　花窗（虎丘）

附图 4　花窗（虎丘）

附图 抽象构图

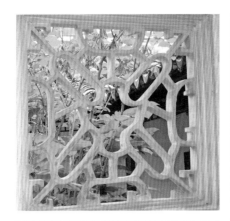

附图 5	附图 6
附图 7	附图 8
附图 9	附图 10
附图 11	

附图 5　花窗（留园）　　　　　附图 6　花窗（网师园）
附图 7　花窗（西园）　　　　　附图 8　花窗（西园）
附图 9　花窗（严家花园）　　　附图 10　花窗（严家花园）
附图 11　花窗（怡园）

一、刘敦桢《苏州古典园林》漏窗图例——漏窗实测图

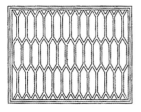

怡园拜石轩南院院墙

留园古木交柯前走廊

留园古木交柯前走廊

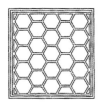

留园古木交柯前走廊

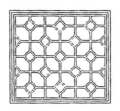

留园古木交柯前走廊

留园古木交柯前走廊

0 10   50   100 厘米

附
录

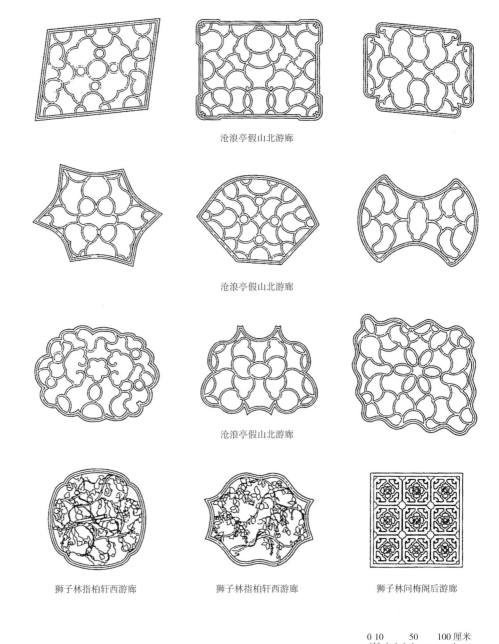

沧浪亭假山北游廊

沧浪亭假山北游廊

沧浪亭假山北游廊

狮子林指柏轩西游廊

狮子林指柏轩西游廊

狮子林问梅阁后游廊

0 10　　50　　100 厘米

狮子林漏窗　　　　　　狮子林漏窗　　　　　　沧浪亭漏窗

透风漏月——花窗

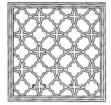 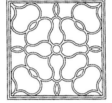

留园古木交柯前走廊　　狮子林燕誉堂北廊东端　　狮子林小方厅北廊东端

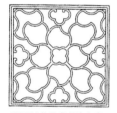 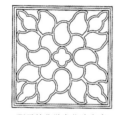 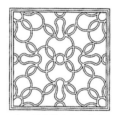

狮子林燕誉堂北院走廊　　狮子林燕誉堂北院走廊　　狮子林燕誉堂北院走廊

  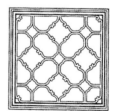

狮子林燕誉堂北院走廊　　留园古木交柯前走廊　　留园古木交柯前走廊

0 10　　50　　100 厘米

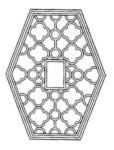 

沧浪亭瑶华境界东走廊　　沧浪亭瑶华境界西走廊

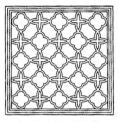

留园古木交柯前走廊

狮子林燕誉堂北廊东端

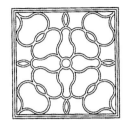

狮子林小方厅北廊东端

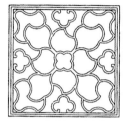

狮子林燕誉堂北院走廊

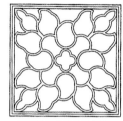

狮子林燕誉堂北院走廊

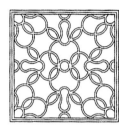

狮子林燕誉堂北院走廊

狮子林燕誉堂北院走廊

留园古木交柯前走廊

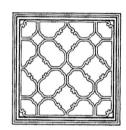

留园古木交柯前走廊

0 10   50   100 厘米

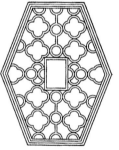

沧浪亭瑶华境界东走廊

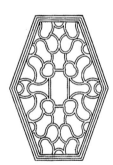

沧浪亭瑶华境界西走廊

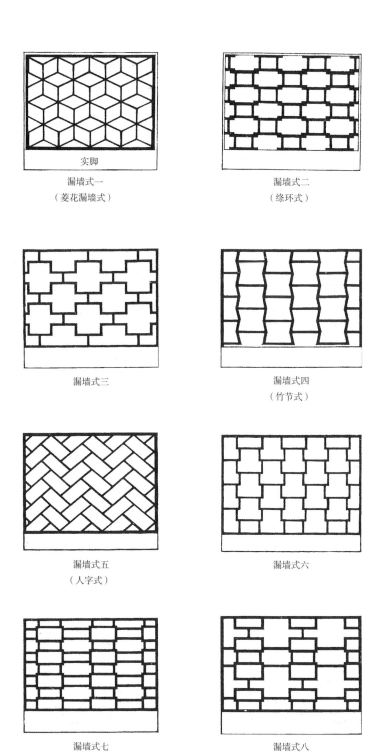

实脚

漏墙式一
（菱花漏墙式）

漏墙式二
（绦环式）

漏墙式三

漏墙式四
（竹节式）

漏墙式五
（人字式）

漏墙式六

漏墙式七

漏墙式八

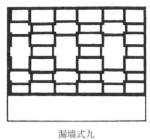

漏墙式九

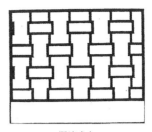

漏墙式十

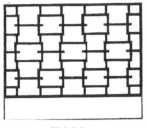

漏墙式十一

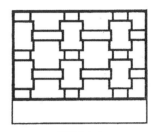

漏墙式十二

漏墙式十三

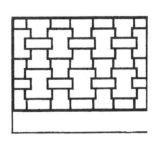

漏墙式十四

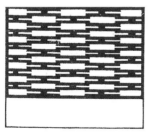

漏墙式十五

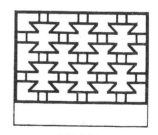

漏墙式十六

后记

　　苏州园林为什么会成为中华的文化经典？我们策划这套由七部著作组成的系列，就是企图从宏观和微观两个维度来解答这个问题。宏观是从全局的视角揭示苏州园林艺术本质及其艺术规律；微观则通过具体真实的局部来展示其文化艺术价值，微观是宏观研究的基础，而宏观研究是微观研究的理论升华。

　　《听香深处——魅力》就是从全局的视角，探讨和揭示苏州园林永恒魅力的生命密码；日本现代著名诗人、作家室生犀星曾称日本的园林是"纯日本美的最高表现"，我们更可以说，中国园林文化的精萃——苏州园林是"纯中国美的最高表现"！

　　本系列的其他六部书分别从微观角度展示苏州园林的文化艺术价值：

　　《景境构成——品题》，通过解读苏州园林的品题（匾额、砖刻、对联）及品题的书法真迹，使人们感受苏州园林深厚的文化底蕴，苏州园林不啻一部图文并茂的文学和书法读本，要认真地"读"。《含情多致——门窗》《吟花席地——铺地》《透风漏月——花窗》《凝固诗画——塑雕》和《木上风华——木雕》五书，则具体解读了触目皆琳琅的园林建筑小品：千姿百态的门窗式样、赏心悦目的铺地图纹、目不暇接的花窗造型、异彩纷呈的脊塑墙饰、精美绝伦的地罩雕梁……

　　我与研究生们及青年教师向诤一起，经过数年的资料收集，包括实地拍摄、考索，走遍了苏州开放园林的每个角落，将上述这些默默美丽着的园林小品采集汇总，又花了数年时间，进行分类、解读，并记述了香山工匠制作这些园林小品的具体工艺，终于将这些无言之美的"花朵"采撷成册。

　　分类采集图案固然艰辛，但对图案的文化寓意解读尤其不易。我们努力汲取学术界最新研究成果，希望站在巨人肩头往上攀登，力图反本溯源，写出新意，寓知识于赏心悦目之中。尽管一路付出了艰辛的劳动，但距离目标还相当遥远！许多图案没有现成的研究成果可资参考，能工巧匠大多为师徒式的耳口相传，对耳熟能详的图案样式蕴含的文化寓意大多不知其里，当代施工或照搬图纹，或随机组合。有的图纹十分抽象写意，甚至理想化，仅为一种形式美构图。因此，识别、解读图纹的文化寓意，更为困难。为此，我们走访请教了苏州市园林和绿化管理局、香山帮的专业技术人员，受到不少启发。

今天，在《苏州园林园境》系列出版之际，我们对提供过帮助的苏州市园林和绿化管理局的总工程师詹永伟、香山古建公司的高级工程师李金明、苏州园林设计院贺凤春院长、王国荣先生等表示诚挚的谢意！还要特别感谢涂小马副教授，他是这套书的编外作者。无私地提供了许多精美的摄影作品，为《苏州园林园境》系列增添了靓丽色彩！

感谢中国电力出版社梁瑶主任和曹巍编辑对传统文化的一片赤诚之心和出版过程中的辛勤付出！

虽然我们为写作《苏州园林园境》系列做了许多努力，但在将园境系列丛书奉献给读者的同时，我们的心里依然惴惴不安，姑且抛砖引玉，求其友声了！

最后，我想借法国一条通向阿尔卑斯山的美丽小路旁的标语牌提醒苏州园林爱好者们："慢慢走，欣赏啊！"美学家朱光潜先生曾以之为题，写了"人生的艺术化"一文，先生这样写道：

> 许多人在这车如流水马如龙的世界过活，恰如在阿尔卑斯山谷中乘汽车兜风，匆匆忙忙地急驰而过，无暇一回首流连风景，于是这丰富华丽的世界便成为一个了无生趣的囚牢。这是一件多么可惋惜的事啊！

人生的艺术化就是人生的情趣化！朋友们：慢慢走，欣赏啊！

曹林娣
辛丑桐月改定于苏州南林苑寓所

参考文献

计成. 陈植，注释. 园冶注释. 北京：中国建筑工业出版社，1988.

（清）李渔. 闲情偶寄［M］. 北京：作家出版社，1996.

刘敦桢. 苏州古典园林. 北京：中国建筑工业出版社，2005.

郭廉夫，丁涛，诸葛铠. 中国纹样辞典. 天津：天津教育出版社，1998.

梁思成. 中国雕塑史. 天津：百花文艺出版社，1998.

沈从文. 中国古代服饰研究. 上海：上海世纪出版集团上海书店出版社，2002.

陈兆复，邢琏. 原始艺术史. 上海：上海人民出版社，1998.

王抗生，蓝先琳. 中国吉祥图典. 沈阳：辽宁科学技术出版社，2004.

中国建筑中心建筑历史研究所. 中国江南古建筑装修装饰图典. 北京：中国工人出版社，1994.

苏州民族建筑学会. 苏州古典园林营造录. 北京：中国建筑工业出版社，2003.

丛惠珠，丛玲，丛鹂. 中国吉祥图案释义. 北京：华夏出版社，2001.

李振宇，包小枫. 中国古典建筑装饰图案选. 上海：同济大学出版社，1992.

曹林娣. 中国园林艺术论. 太原：山西教育出版社，2001.

曹林娣. 中国园林文化. 北京：中国建筑工业出版社，2005.

曹林娣. 静读园林. 北京：北京大学出版社，2005.

崔晋余. 苏州香山帮建筑. 北京：中国建筑工业出版社，2004.

张澄国，胡韵荪. 苏州民间手工艺术. 苏州：古吴轩出版社，2006.

张道一，唐家路. 中国传统木雕. 南京：江苏美术出版社，2006.

［美］W·爱伯哈德. 中国文化象征词典［M］. 陈建宪，译. 长沙：湖南文艺出版社，1990.

吕胜中. 意匠文字. 北京：中国青年出版社，2000.

［古希腊］亚里士多德. 范畴篇·解释篇［M］. 聂敏里，译. 北京：生活·读书·新知三联书店，1957.

［英］马林诺夫斯基. 文化论［M］. 费孝通，译. 北京：中国民间文艺出版社，1987.

李砚祖. 装饰之道. 北京：中国人民大学出版社，1993.

王希杰. 修辞学通论. 南京：南京大学出版社，1996.